내 아이
'공부 첫인상'이
즐거워지는
초등 1, 2학년
처음 공부

아세요?
공부 '첫인상'이 좋아야
아이가 스스로 공부한다는 것!

잊지 마세요!
6~10살에 처음 익힌
공부 습관, 생활 습관, 두뇌 습관이
평생 성적을 결정한다는 것!

# 내 아이
# '공부 첫인상'이
# 즐거워지는

# 초등 1, 2학년
# 처음 공부

• 윤묘진 지음 •

Sb
smart business

# 처음 공부가 즐거워야,
# 스스로 공부하는 아이로 자랍니다!

저는 공부로 힘들어하는 아이들을 가르칩니다. 공부로 인해 상처받고 문제를 일으키면 수소문 끝에 저를 만나게 됩니다. 아이들은 머리가 좋든 나쁘든 공부에 대한 나쁜 기억들이 쌓여서, 해결할 수 없는 순간이 되면 스트레스 반응을 보이게 됩니다.

일종의 회피 반응을 보이는데, 보통은 공부에 집중하지 못하고 산만해집니다. 이런 아이들이 공부에 다시 흥미를 갖게 하려면 어떻게 해야 할지가 지난 몇 년간 저의 숙제였습니다.

그런데 최근 예사롭지 않은 일들을 경험하게 되었습니다. 학교에 입학하기 전인, 6~7살 아이가 학습 스트레스 반응을 보이는 경우가 많아졌습니다. 한글을 공부하는 데 틱장애 증세를 보이거나, 겨우 6살인데 공부에 지쳐 어떤 호기심도 보이지 않는 아이를 자주 만나게 되었습니다.

인지학습을 빨리 시작한 아이들에게 공통으로 보이는 특징이 있습니다. 상상력과 호기심이 부족하고, 앎의 욕구를 거세당한 듯 공부에 대한 의욕이 없습니다. 그래서 공부를 해치워야 할 숙제처럼 지겨워하며, 회피하는 모습을 보입니다.

알고 싶은 욕망이 생기기도 전에 공부를 강요받아 앎의 즐거움을 느끼지 못하는 것이 아닌가 걱정이 됩니다. 이런 현상은 똑똑하다고 평가받았거나, 혹은 평범했던 아이 모두에게 공통으로 엿보입니다.

한글도 일찍 읽고 영재원에 들어갈 만큼 똑똑한 아이였다고 하는데, 공부만 하면 튕겨 나가듯 도망가며 산만해지는 사례는 너무나 많았습니다.

우리 뇌는 정보의 중요성을 결정할 때 무의식적 판단, 정서, 느낌까지 고려합니다. 그래서 아무런 정서적 감흥 없이 숙제처럼 습득되는 정보들은 쉽게 소멸합니다. 시험을 준비하며 '열심히 외웠던 것들이 시험이 끝나자마자 사라져 버리는 경험'을 누구나 해봤을 것입니다. 억지로 공부하고 있을 때 아이의 뇌는 전혀 자극받지 않는답니다.

반대로 정서적으로 중요하다고 느끼거나 스스로 즐겁다고 느끼는 정보는 뇌를 강하게 자극하고 뇌 신경다발을 견고히 하여 장기기억으로 연결됩니다.

그래서 아이의 생각과 발달 상태를 고려하여 지도해야 하고, 무엇보다 정서적인 반응을 불러일으킬 수 있는 학습 지도가 필요합니다. 그래야 아이가 공부를 즐길 수 있고, 스스로 공부할 수 있게 됩니다.

다시 말해 공부를 즐기며 자발적으로 하게 하려면 공부에 대한 '첫인상'이 무엇보다 중요합니다. 한글을 깨우치는 시점 혹은 초등학교에 입학해서 처음 하는 공부가 할 만하다고 느껴야 합니다.

그리고 공부 기본기를 탄탄히 갖추도록 지도해서 스스로 공부할 수 있는 아이로 키워야 합니다. 아동기에 긍정적인 학습 경험을 많이 할수록 청소년기까지 긍정적인 태도로 공부할 수 있게 됩니다.

초등학교 1, 2학년 공부를 시작하는 시간들을 어떻게 보내느냐가 아이의 학습 능력에 매우 중요한 영향을 미치게 된다는 사실을 강조하고 싶습니다.

그래서 제가 아이들을 가르칠 때 가장 중요하게 생각하는 것은 공부에 대한 '긍정적인 경험'입니다. 공부가 재밌다고 느끼는 순간을 경험하게 해주려 노력합니다. 모든 아이에게는 공부를 잘하고 싶은 마음, 똑똑해지고 싶은 욕망이 있습니다. 칭찬받고, 인정받기 위해 수고로움을 감수하려고 합니다. 그래서 최대한 앎의 즐거움을 느낄 수 있도록 지도하려고 합니다.

이렇게 공부에 대한 처음 경험이 중요하다는 사실을 깨닫고 6세부터 10세, 즉 아동기를 주목하게 되었습니다. 이 시기를 어떻게 보내느냐에 따라 공부에 대한 아이의 태도가 결정되기 때문입니다.

실제로 이 시기의 아이는 어떻게 가르치느냐에 따라 엄청난 성장을 보이기도 하고, 갑자기 문제를 일으키기도 합니다. 그래서 아동기에 필요한 학습 경험, 아이의 성향을 파악하여 공부에 대한 좋은 기억을 만들어주는 비법, 그리고 할 수 있다는 자신감을 심어주며, 독해력과 기본기를 탄탄하게 쌓아주는 방법을 함께 나눌까 합니다.

이제 초등학교에 입학하는 아이를 두셨다면 '시작부터 뒤처지지 않을까' 두려운 마음이 클 거예요. 다른 아이들은 얼마나 선행학습이 되어 있는지? 우리 아이는 얼마나 준비를 시켜줘야 할지? 궁금하기도 하고 걱정이 한가득일 겁니다.

이런 걱정은 초등학교 1, 2학년 아이를 둔 어머니들도 마찬가지겠죠. 학교에 입학해서 공부하고 있는 아이를 지켜보고 있으면 어떻게 도와줘야 할지 막막하고 두려움까지 생깁니다. 엄마라서 갖는 그 마음, 충분히 이해합니다.

불확실성에 대처하는 유일한 방법은 지금 해야 할 것이 무엇인지 정확히 알고 최선을 다하는 것입니다. 모든 아이는 각자 자신만의 잠재 능력을 가지고 있습니다. 아이를 믿고 지지해줬으면 합니다. 그래서 이 책을 읽고 어머니들이 조금은 편안해졌으면 좋겠고, 응원이 되었으면 합니다.

제발, 꼭, 반드시
'공부 첫인상'
즐거움으로 심어주세요!

# 차례

chapter 2

아이의 '공부 실력',
얼마나 알고
계신가요?

chapter 3

초등 처음 공부가
아이의 '평생 성적'을
결정합니다

chapter 1

# 당신 아이의
# 공부 첫인상은 어떤가요?

# 혹시 서두르고,
# 안달하지 않나요?

영재원에 대한 어머니들의 관심이 무척 높습니다. 대학 입시가 유치원 때부터 시작된다며 영재원에 들어가야 좋은 중·고등학교를 가고, 좋은 대학에도 갈 수 있다는 논리를 펼치는 어머니들이 제법 많이 계십니다.

어떤 영재원이 좋은지, 또 어떤 학원을 가야 영재원에 입학할 수 있는지 구체적으로 알려주기까지 합니다. 이런 설명을 듣고 있으면 저도 혹하는 마음에 정말 그래야 하나 헷갈리곤 합니다.

그런데 영재원에 들어가기 위해 4~5살 때부터 학원에 다니며 공부하는 것이 과연 옳을까요? 그리고 학원에 다녀서 만들어진 영재가 진짜 영재라고 할 수 있을까요?

14

저는 솔직히 너무 어린 나이에 경쟁을 치르며 자존감에 상처를 입을까 걱정이 됩니다. 물론 아이가 특정 분야에 두각을 보이며 자연스럽게 영재로 판단된다면 너무나 축하할 일입니다.

하지만 훈련을 통해 영재를 만들 수 있다는 생각은 위험해 보입니다. 실제로 네다섯 살 아이에게 무리한 학습을 시킨 결과, 문제 행동을 보이는 사례는 수없이 많습니다.

6살 혜정이는 영재원에 들어갈 만큼 똑똑한 아이였다고 하는데, 학습에 대한 부정적 감정이 심각한 상태였습니다. 첫 수업은 충격적이었습니다. 단 5분도 집중하지 못하고, 의자에 가만히 앉아 있질 못했습니다. 공부를 시키면 마치 스프링처럼 튕겨 나가며 경기 반응을 보였습니다.

실제로 학습 스트레스로 문제를 일으키는 아이들은 공통으로 의자에 가만히 앉아 있지 못하는 특징이 있습니다. 의자에 가만히 앉아 있는 연습을 해야 할 시기에 학습을 강요받아 생긴 현상입니다.

혜정이는 5살 때 혼자 한글을 떼고, 시키지 않아도 책을 읽는 그런 아이였다고 합니다. 대부분의 어머니가 부러워할 아이지요. 그런데 혜정이의 사연을 들은 주변 어머니들이 영재원에 한 번 보내보라고 권유했고, 그렇게 대수롭지 않게 영재원 테스트를 받았던 것이 화근이었습니다. 혜정이는 언어와 직관은 상위 5% 이내의 영재로 판정받았으나, 수리와 사고 등 다른 영역에서는 판정 불가를 받았습니다.

그때 어머니께서 '우리 아이는 언어지능과 직관력이 뛰어나구나!' 라고 느끼고 멈췄다면 얼마나 좋았을까요. 그렇게 아이의 강점을 중심으로 발달을 유도하며, 부족한 부분을 보완하는 정도로 학습 설계를 했다면 문제가 없었을 겁니다.

하지만 혜정이 어머니는 노력하면 수리와 사고 능력도 영재로 판정받을 수 있다고 믿었습니다. 그것이 혜정이를 위해서도 옳은 일이라고 믿었고요. 그래서 여기저기 유명한 수학학원을 수소문하게 되었고, 매일 밤 수학 문제집을 풀리며 실랑이가 시작되었습니다.

물론 6살의 혜정이는 초등학교 2학년 수학 문제집을 풀 수는 있었지만, 공부에 대한 흥미는 급격히 떨어졌고, 결국 스트레스 반응을 보이게 되었습니다. 저는 혜정이를 보면서 〈황금알을 낳는 거위〉 이야기가 생각났습니다. 실제로 미국에서도 속진교육을 통해 어린 나이에 대학에 입학하여 관심을 받은 영재들이 있었지만, 그들이 놀라운 연구 성과를 거두지는 못했다고 합니다. 그래서 최근 미국의 영재교육은 40대에 자기 일을 행복하게 하는 것에 목표를 두고 이루어지고 있습니다.

과학 분야 노벨상 수상자에서 그 근거를 찾을 수 있습니다. 최근 10년간 노벨상 수상자는 평균 17년 1개월 동안 연구를 했으며, 노벨

상을 받기까지는 평균 30년 2개월이 걸렸다고 합니다. 지난 20년간 151명의 과학 분야 노벨상 수상자 중에 30대는 단 2명이었습니다. 최근 10년간 노벨 과학상 수상자의 평균 연령은 67.7세로 분석되었습니다.

재능을 발휘하려면 시간이 필요합니다. 아이가 자신의 분야에서 성과를 이루길 바란다면 시간을 견딜 수 있는 힘을 키워주는 편이 훨씬 훌륭하다고 조언드리고 싶습니다.

그래서 아래에 소개한 니코스 카잔차키스의 《그리스인 조르바》에 나오는 대목은 많은 것을 생각하게 합니다.

나는 어느 날 아침에 본, 나무등걸에 붙어 있던 나비의 번데기를 떠올렸다. 나비는 번데기에다 구멍을 뚫고 나올 준비를 서두르고 있었다. 나는 잠시 기다렸지만 오래 걸릴 것 같아 견딜 수 없었다.

나는 허리를 구부리고 입김으로 데워줬다. 열심히 데워준 덕분에 기적은 생명보다 빠른 속도로 내 눈앞에서 일어나기 시작했다. 집이 열리면서 나비가 천천히 기어나오기 시작했다. 날개를 뒤로 접으며 구겨지는 나비를 본 순간의 공포는 영원히 잊을 수 없을 것이다.

가엾은 나비는 그 날개를 펴려고 파르르 몸을 떨었다. 나는 내 입김으로 나비를 도우려고 했으나 허사였다. 번데기에서 나와 날개를 펴는 것은 태양 아래서 천천히 진행되어야 했다. 그러나 때늦은 다음이었다. 내 입김은 때

가 되기도 전에 나비를 날개가 쭈그러진 채 집을 나서게 한 것이었다. 나비
는 필사적으로 몸을 떨었으나 몇 초 뒤 내 손바닥 위에서 죽어 갔다.

나는 나비의 가녀린 시체만큼 내 양심을 무겁게 짓누른 것은 없었다고 생
각한다. 오늘날에야 나는 자연의 법칙을 거스르는 행위가 얼마나 무서운 죄
악인가를 깨닫는다. 서둘지 말고, 안달을 부리지도 말고, 이 영원한 리듬에
충실하게 따라야 한다는 것을 안다.

_ 니코스 카잔차키스, 《그리스인 조르바》

영재를 꿈꾸고 빨리 실력을 드러내기를 바라는 마음은 아동기를 제
대로 이해하지 못해서 빚어지는 오해입니다. 이런 분들에게 소개드
리고 싶은 책이 바로 데이비드 F. 비요크런드의 《아이들은 왜 느리게
자랄까?》입니다.

이 책은 아동기 발달이 더딘 이유와 아동기에 적합한 학습을 설명
하고 있습니다. 그리고 아이들의 미성숙함이 오히려 아동기 발달
에 적합한 특징이라고도 합니다. 그래서 빨리 성숙해져야 한다
는 생각과 조기교육이 위험하다고 경고합니다.

그리고 무엇보다 아동기와 청소년기는 애벌레와 나비처럼 전혀 다
른 특성을 가지고 있기 때문에, 아동기에 맞춘 학습 방법이 필요하다
고 강조합니다.

# 공부를 놀이로 만들어주는 기술, 아나요?

《아이들은 왜 느리게 자랄까?》에서 데이비드 F. 비요크런드는 아이러니한 말을 합니다. 학습 능력이 가장 뛰어난 시기가 바로 7세부터 10세, 즉 아동기라는 것입니다. 가장 많은 것을 배울 수 있는 시기가 청소년기가 아닌 아동기라는 것이죠.

실제로 이 시기 아이는 어떻게 가르치느냐에 따라 드라마틱하게 성장하기도 하며, 반대로 퇴보하기도 한답니다. 즉 아동기에 어떤 학습 경험을 하느냐가 아이의 인생에 중대한 영향을 미친다는 사실을 암시합니다. 동시에 이 시기에 적절한 학습 경험을 할 수 있도록 좋은 기회를 제공해야 한다는 사실도 말해줍니다.

그렇다면 이 시기에 적절한 학습 경험이란 무엇일까요?

우리 뇌는 정보의 중요성을 결정할 때 무의식적 판단과 정서, 느낌까지 고려합니다. 그래서 아무런 정서적 감흥 없이 숙제처럼 습득되는 정보들은 쉽게 소멸합니다. 억지로 숙제만 하고 있을 때 아이의 뇌는 전혀 자극받지 않거든요.

반대로 정서적으로 중요하다고 느끼거나 즐겁다고 느끼는 정보는 뇌를 강하게 자극하고 신경다발을 견고히 하여 장기기억이 됩니다. 그래서 아이의 생각과 발달 상태를 고려하여 지도해야 하고, 무엇보다 정서적인 반응을 불러일으킬 수 있는 학습 지도가 필요합니다.

그러기 위해서 무엇보다 내 아이가 흥미로워하는 지점이 어디인지를 파악하는 것이 중요합니다. 실제로 많은 교육학자가 아이를 잘 관찰하라고 조언하고 있습니다. 학습의 출발을 아이에서부터 시작하는 것이지요.

"아이들을 학교교육에 맞게 준비시키기보다, 학교교육을 아이들에게 맞게 준비한다면 우리는 아이들을 위해 더 나은 교육을 할 수 있다."

스탠퍼드대학 데보라 스타이펙 교수의 말처럼 아이 개인에게 맞춘 교육이 필요합니다.

연희는 수학을 싫어했습니다. 수학 문제집을 푸느라 힘든 시간을 보낸 뒤라, 스스로 수학을 못한다고 생각하고 있었고 수학 문제를 풀면 문제 행동을 보이기도 했습니다.

논리적으로 수리 체계를 이해할 수 없는 나이에 수학 문제집을 계속 풀어야 했으며, 잘 이해하지 못하니까 선생님은 계속 설명을 해주었을 겁니다. 이해하지 못하는 설명을 계속 들어야만 했고, 거기에 핀잔까지 들어야 했지요.

그래서인지 연희는 뭔가를 설명하려고만 하면 얼굴이 일그러지며 머리가 아픈 표정을 짓습니다. 연희 어머니는 이미 진도가 다 나갔던 것을 전혀 모르고 있다고 속상해했고요.

수학은 수리 체계공식를 이해하는 인지 단계와 문제풀이를 통해 공식에 익숙해지는 단계를 잘 거쳐야 실력이 됩니다. 사실 진도만 나가는 것은 아무런 의미가 없습니다.

저는 묶음 수 수학 문제를 어려워하는 연희에게 똥다발 문제를 내봤습니다. 재밌는 것과 기발한 장난을 좋아하는 아이였기 때문에 그런 성향을 이용해보고 싶었거든요.


푸푸의 똥이 10덩어리씩 5다발과 언호의 똥이 10덩어리씩 4다발 있습니다. 그럼 모두 몇 개의 똥이 있나요?

이렇게 똥이나 코딱지를 이용해서 문제를 냈을 때 아이의 반응은

확실히 달랐습니다. 참 이상하지요. 아이들은 똥 얘기만 나오면 왜 이리 좋아할까요?

낄낄 웃으며 즐거운 마음으로 문제를 풀어냅니다. 심지어 문제를 더 내달라며 졸라대기까지 했습니다. 똥에 코딱지에 엉덩이에 온갖 더러운 묶음 다발을 계산하고도 문제를 더 풀고 싶다고 고집을 피우는 연희를 멈추게 하느라 오히려 힘들었습니다. 왜 이런 문제집은 나오지 않는 걸까요?

아동기에 맞는 학습 방법에 어떤 차이가 있는지 짐작이 되셨는지요?

데이비드 F. 비요크런드가 강조한 것은 '놀이'입니다. 사실 모든 아동 교육학자들이 놀이를 강조했습니다.

물론 무작정 놀게 해야 한다는 아동학자는 없습니다. 공부를 놀이로 만들어주는 기술, 이것이 아동을 지도하는 핵심이라고 할 수 있습니다. 놀이의 본질은 내용이 아닌 형식에 있습니다.

아이들은 강요된 것은 일로, 스스로 선택한 것은 놀이로 받아들입니다. 자발적으로 선택했다고 느껴야 하고, 사고하고 상상하며 즐길 수 있는 방식이 아동기에 적합한 학습 방법이라면 설명이 될까요?

22

놀이는 어리다는 본능적 표현이고, 아이들이 세상과 교류하는 길이다. 놀이는 아이들의 발전하는 능력을 반영하고, 아이들은 놀이를 통해 여러 능력을 발달시킨다.

아이들은 즐거운 놀이를 통해 두뇌와 생각을 발달시킨다. 아이들이 무언가를 배우고 발견하려고 놀이를 하는 것은 아니며, 단지 놀이 자체를 즐긴다. 아이가 놀이를 통해 자신도 모르는 사이에 배우게 되는 교육적 효과를 무시해서는 안 된다.

_ 데이비드 F. 비요크런드, 《아이들은 왜 느리게 자랄까?》

# 막연히 아이를 놀게 하라는 말은 아니랍니다

대부분의 아동학자는 놀이를 강조하지만, 그냥 아이를 막연히 놀게 하라는 경우는 없습니다. 아동학자들이 말하는 놀이를 이해할 수 있는 흥미로운 실험이 있어 소개할까 합니다.

아이에게 사물의 이름을 그냥 여러 번 되풀이해서 알려주는 것과 놀이 상황을 만들어 단어를 말해줄 때, 각각 단어를 기억하는 데 걸리는 시간에 어떤 차이가 있을까요?

무려 10배의 차이가 나는 놀라운 결과를 얻었습니다. 단순히 단어를 되풀이해서 말해준 상황에서는 10~11일 만에 새 낱말을 습득했지만, 놀이 상황에서는 단 하루 만에 새로운 낱말을 습득한 것입니다. 즉 놀이 상황에서 단어를 더 빨리 습득하는 데, 무려 10배나 빨랐다고 합니다.

한 유치원 아이들에게 비슷한 실험을 했습니다.

A반 아이들에게는 기억해야 할 단어 목록을 읽어주고 암기하게 했습니다. 특별한 설정이 없는 단순학습 상황이지요.

B반에게는 식료품 가게놀이를 하며 단어 목록을 읽어줬습니다. 아이들은 식료품 가게로 가서 자신이 기억한 낱말을 점원에게 말하는 거죠. 일종의 놀이 상황을 설정한 것입니다.

앞 실험이 단어를 습득하는 데 걸리는 시간을 비교한 것이라면 이번에는 기억하는 단어의 양을 비교하는 실험입니다.

어떤 결과가 나왔을까요?

아이들은 놀이 상황에서 평균 2배 이상 많은 단어를 기억해냈습니다.


데이비드 F. 비요크런드는 아이들이 세상과 교류하는 통로가 놀이라고 했고, 미하이 칙센트미하이는 공부를 놀이로 만들어야 성공한 인생을 살게 된다고 했습니다. 놀이의 중요성을 강조한 학자는 이 외에도 너무나 많습니다.

물론 막연히 아이들을 방치하며 놀리라는 아동학자는 없습니다. 놀이를 통한 학습은 6세부터 10세, 즉 아동기의 학습과 관련이 깊습니다. 놀이적 설정을 통해 학습 효과를 높이는 데 목적이 있지요.

이렇게 놀이적 설정을 통해 학습 효과를 높이려면 놀이의 특징을 이해하고 있어야겠죠?

놀이의 가장 중요한 특징은 자발성, 즉 스스로 선택해서 하는 활동이라는 점입니다. 똑같은 행위가 강요받았을 때는 일로, 스스로 선택했을 때는 놀이로 바뀝니다.

예를 들어 똑같은 구구단 외우기도 스스로 선택했다고 느끼면 놀이가 되고, 남이 시켜서 억지로 하게 되면 지겨운 학습이 됩니다. 아이가 스스로 선택했다고 느낄 수 있도록 꾀를 내보면 어떨까요?

그렇게 어려운 일은 아닙니다. 공부를 시킬 때 아이에게 선택권을 주는 표현을 쓰는 것만으로도 효과가 있습니다. "무슨 책을 읽을 거야?" 혹은 "너가 선택해도 돼."라고 말해주는 것입니다. 그리고 아이의 선택을 존중해주세요.

명령형 어투의 언어 사용만 주의해도 큰 효과를 얻을 수 있습니다. 그래서 최근 '엄마의 말'과 관련된 책들이 많이 나오는지도 모르겠습니다.

물론 이것은 6세부터 10세까지 처음 공부 습관을 들일 때 통하는 얘기이긴 합니다. 이미 공부가 지겹고 싫은 것이 되어 버렸다면 상황은 조금 다를 수 있습니다.

놀이의 두 번째 특징은 그 자체가 목적이 되어야 한다는 점입니다. 놀이학습을 하면서 무언가 배움이 되었으면 하는 마음을 들키게 되면 그 효과가 사라져 버립니다. 게임을 통해 학습하게 하려면 게임 그 자체에 목적을 둬야 하는데, 뭔가를 배웠으면 하는 마음 때문에 진짜 놀이가 되지 못하는 경우가 많습니다.

무엇보다 놀이는 즐거워야 합니다. 좀 왜곡되고 과장된 설정을 통해 아이가 진심으로 즐겨야 몰입할 수 있습니다.

그리고 아이들은 배운 것 없이 그냥 놀기만 했을 때와 웃고 즐기고 있지만 배우고 있을 때를 본능적으로 구분합니다. 가장 행복한 순간은 그냥 놀기만 할 때가 아니라, 어려운 것을 알아간다는 보람을 느끼면서 동시에 즐거운 마음이 들 때입니다.

그래서 공부하고 있지만 재밌고 즐겁다고 느끼는 기억을 많이 만들어줘야 하죠. 그래야 배우고 싶은 욕구도 생기고, 학습 효과도 높아집니다. 이것을 공부와 놀이의 변증법이라고 하는데, 이후에 다시 알려드리겠습니다.

그러기 위해서는 함께 즐길 수 있는 어머니의 마음 상태가 가장 중요한데, 사실 가장 어려운 일이기도 하죠. 정서적으로 즐거운 자극을 준다면 조금 산만해져도 괜찮습니다. 10세 전후끼지는 편안하고 즐거운 마음으로 공부하며 관심사를 확대해주고, 최대한 많은 것을 기억하게 하는 것이 핵심이니까요.

이 외에도 몇 가지 놀이의 특징이 있지만, 제가 경험한 바로는 이 두 가지가 가장 중요해 보입니다. 그래서 놀이의 다른 특징을 구구절절 설명하는 것은 의미가 없을 것 같아 생략하려 합니다.

아이에게 자발적으로 선택할 수 있는 기회를 주고, 가능한 즐거운 마음 상태를 유지해주는 것만 기억했으면 합니다. 즐거워야 잘 기억되고 재밌어야 자꾸 하게 되니까요.

아이는 즐거워야 하지만, 어머니는 놀이학습을 하면서 아이가 무엇을 얻었으면 하는지 분명히 알고 있어야 합니다. 아이에게 강요할 필요는 없지만, 아이가 놀이를 통해 무엇을 얻고 있는지 혹은 얻는 것 없이 놀기만 하는지 어머니는 판단할 수 있어야 하니까요.

그러다 10세 전후, 그러니까 초등학교 3~4학년부터는 조금씩 학습 습관을 잡아줘도 괜찮습니다. 놀이학습 시간과 공부학습 시간을 구분해주고, 조금씩 진지하게 하는 학습에 익숙해질 필요가 있습니다.

# 공부 습관 때문에
## 아이와 실랑이하나요? ─────────

　3번째 수업을 하던 날 은우가 노트 하나를 들고 왔습니다. 은우는 고자질하는 것 같기도 했지만, 너무 힘드니까 구해달라고 하는 것 같았습니다.

　노트 위쪽에는 10개가 넘는 숙제가 적혀 있었고, 왼쪽 아래로 날짜가 적혀 있었습니다. 날짜 옆으로 각 과제마다 동그라미와 엑스 표시가 되어 있었습니다. 대부분 동그라미였는데, 밤마다 숙제를 하느라 은우와 어머니가 보내야 했던 힘든 시간이 짐작되었습니다.

　'아가들이 다 자도 해야 하는 숙제, 울면시 해야 하는 숙제…….'

　은우가 일기에 쓴 내용인데, 매일 밤 은우가 숙제를 하느라 얼마나 힘들었을지 그 심정을 엿볼 수 있었습니다.

물론 은우의 어머니는 너무 좋은 분이시고, 아이를 위한 마음으로 좋은 습관을 잡아주기 위해 원칙을 지키려 했을 뿐일 겁니다. 매일 밤 아이와 실랑이를 벌이느라 어머니도 힘들었겠죠.

 그리고 그 양이 많지 않기 때문에 금방 풀 수 있으리라 믿었을 겁니다. 아이가 집중하지 못해 시간이 길어진 것일 뿐, 습관만 잘 잡힌다면 금방 끝낼 수 있으니 잠시만 견디면 된다고 생각하셨던 것입니다.

### 6~7세 아동이 매일 밤 몇 시간씩 숙제할 때 어떤 느낌일까요?

 어른으로 치면 매일 밤 야근을 해야 하는 상태가 지속되는 상황이라면 이해가 될까요? 월급도 제대로 받지 못하고 매일 밤 야근을 해야 한다면 어떤 기분일까요?

 이 상태가 계속되는데 누구도 도와주지 않는다고 느끼면 학습 스트레스에 그치지 않고 소아우울증에 걸릴 수도 있습니다. 실제로 은우는 소아우울증 증상을 보이고 있었는데, 어머니는 오히려 아이의 성격을 걱정했습니다. 동생들을 괴롭힌다며 성격에 문제가 있는 것 같다고 고민했던 것이지요. 당시에는 인천 여아 살인 사건이 한창 시끄러울 때라 민감하게 느껴지기도 했습니다.

 아동기는 습관이 아니라, 뇌가 만들어지는 시기입니다. 사람의 뇌는 누가 개입해서 조작할 수 있는 것이 아닙니다. 아동기에 놀이학습의 효과가 좋은 이유도 뇌가 형성되는 시기이기 때문입니다. 뇌는

초등 1, 2학년 처음 공부

즐거운 일에 반응하니까요.

그러니 습관을 잡기 위해 억지로 공부시키기보다, 아이가 정서적으로 즐기며 공부할 수 있는 방법을 찾아줘야 합니다. 그리고 8주 정도 지속하면 습관이 잡혀야 하는데, 그렇지 못하면 습관이 될 준비가 안 된 것이라고 생각해보면 어떨까요?

그렇다면 학교 숙제는 어떻게 해야 할까요?

물론 해야 할 것은 해야 합니다. 꼭 필요한 공부는 당연히 해야죠. 그런데 학교 숙제 때문에 소아우울증이 걸리는 경우는 없습니다. 아이들도 본능적으로 자신이 해야 할 일이라고 판단하면 받아들입니다. 학교라는 사회에서 인정받기 위해 해야 하는 숙제는 받아들입니다. 그래서 힘들어하긴 해도 극단적인 문제를 일으키는 경우는 잘 없지요.

하지만 아이를 설득하지 못하는 숙제들은 늘 문제를 일으킨답니다. 그래서 공부의 수준과 양을 점검해보고, 아이가 받아들이고 있는지 확인해보길 조언드립니다.

아동기 뇌 발달에 관해서 데이비드 F. 비요크런드는 인상적인 이야기를 합니다. 특정 감각기관의 발달이 과도할 경우, 이후 다른 발달에 부정적인 영향을 미친다고 합니다.

예를 들어 시각 자극이 과도하면 나중에 발달하는 청각 기능에 문제가 생길 수 있다는 것이죠. 그래서 균형을 이룬 안정적 발달이 중요하다고 말합니다. 저는 이것을 학습 스트레스와 관련지어 설명할 수 있을 것 같습니다. 아이가 받아들이기 힘든 수준의 조기교육이 일종의 과도한 자극이며, 이는 발달에 부정적인 영향을 미칠 수 있죠. 실제로 뇌를 생성하는 아동기에 스트레스 호르몬이 반복적으로 분비되면, 관련 뇌신경을 끊어 버린다는 연구 결과가 있습니다.

학습 스트레스 상태에 있는 아이들이 의자에 앉아 있지 못하는 것도 같은 이유입니다. 일종의 회피 반응을 보이는 것입니다. 아이의 뇌에서 도망가라는 신호를 보내는 것이죠. 이것이 심각해지면 관련 뇌신경을 끊어 버리는 상황에 이르게 됩니다.

수학 문제집 풀기를 과도하게 시켜서 스트레스 호르몬이 반복적으로 분비되면 수학과 관련된 뇌신경을 끊어 버리는 것이죠.

실제로 아이가 처음에는 잘하다가, 꾸준히 시켰는데 오히려 더 못하는 것 같다고 호소하는 어머니들이 제법 많습니다.

아이가 노력했다면 반드시 성취감을 느껴야 합니다. 이것이 아이를 스스로 공부하게 하고, 이기는 습관을 만들어주는 유일한 비법입니다.

# 저도 기다려주기
# 힘들 때가 있습니다

　아이를 위해 화내지 않고 기다려줘야 한다는 말을 많이 들어보았을 겁니다. 이런 말을 들을 때마다, 말은 쉽지만 실생활에서는 말처럼 쉬운 일이 아니라는 생각이 들 겁니다.

　저도 너무 이해합니다. 저도 기다려주며 인내해야 한다고 이야기하고 글도 쓰지만, 고백하면 아이들을 가르치다 화가 나기도 하고 기다려주기 힘들 때가 있습니다. 아이가 기대만큼 따라오지 못하면 저도 목이 뻣뻣해지는 것이 느껴집니다.

　온 마음을 다해서 가르치고 있는데 도통 늘지 않는 아이가 원망스럽기도 하지요. 노력한 만큼의 성과가 눈에 보이지 않으면, 속상한 마음이 드는 것은 너무도 당연합니다.

그런데 오랫동안 많은 아이를 가르치며 한 가지 깨달은 것이 있습니다. 아이들 여럿을 동시에 가르치다 보면, 어떤 날은 녀석들이 하나같이 왜 이러나 하는 생각이 들 때가 있습니다. 한 학생이 도통 말을 듣지 않아 목이 뻣뻣해지는 것을 겨우 참아냈는데, 다음 수업 때 다른 녀석이 또 저를 힘들게 하지요.

'오늘 아이들이 왜 이러나?'

이런 생각도 들지만 그럴 때 제 마음을 가만히 들여다보면, 결국 저의 문제라는 사실을 깨닫게 됩니다. 아이의 문제가 아니라, 제 마음과 감정이 문제였던 것이죠. 아이를 이해할 수 있는 아량이 없었던 것이고, 또 아이를 응원할 수 있는 에너지가 없었던 제 모습을 발견하게 됩니다.


이런 일이 있을 때면 제 어머니의 일화를 떠올리곤 합니다. 어머니의 생리 증후군이 궁금해서 여쭤본 적이 있는데, 의아한 말씀을 하셨습니다. 제 오빠에게 화를 내며 실컷 야단치고 나면 생리가 시작되었다고 말씀하셨어요. 오빠가 잘못해서 야단맞은 것이 아니라, 생리증후군으로 어머니의 감정 상태가 그랬던 것이지요. 오빠에게 괜한 화풀이를 하신 모양입니다.

이 말을 들었을 때는 그저 '오빠와 제가 꼭 잘못해서 야단맞았던 것은 아니구나' 정도로 생각하고 넘겼습니다. 그런데 이제 제가 당시 어머니의 나이가 되니, 어머니의 입장에서 또다시 생각해보게 됩니다.

그래서 어머니들에게 꼭 생리 날짜와 감정조절이 안 되는 시기를 잘 파악해보라고 조언드립니다. 두 날짜 사이의 관련성이 있는지 먼저 파악해보고, 관련이 있으면 꼭 달력에 표시해두라고 말씀드리고 싶습니다.

그리고 아이에게도 알려주세요. '엄마가 괴물이 되는 날'이라고 알려주면 아이도 조금 조심해줄 것입니다. 이렇게 아이도 엄마를 이해하는 법을 조금씩 깨우치게 하는 것입니다.

물론 어머니도 자신의 감정을 객관화하는 연습을 했으면 합니다. 자신에게 맞는 방법이 있을 것입니다. 감정의 노예가 되기보다 감정의 주인이 되도록 힘을 냈으면 합니다.


아이를 가르치는 것이 저에겐 직업이니, 섣불리 화를 내거나 기다려주지 못하면 프로답지 못하지요. 그래서 스스로를 조절하는 법을 연습하곤 합니다. 손으로 입을 가리고, 제 마음을 들여다보며 감정을 객관화합니다. 그리고 뻣뻣해진 목에 호랑이 고약을 바르며 "선생님 병 걸리겠다. 말 좀 잘 들어."라고 장난스럽게 말하고는 파이팅을 외칩니다.

물론 컨디션이 안 좋을 때는 여전히 감정조절이 힘듭니다. 그럴 때는 스트레스 관리를 위해 수업을 조금 줄이고 사우나를 가거나 기분

전환을 합니다.

저는 아이가 스스로 공부할 수 있도록 방법을 함께 찾아주고, 공부의 기본기를 갖추게 해주는 선생님입니다. 그래서 공부하는 방법을 알려주려고 노력합니다. 그런데 그 방법을 안다고 해서 아이들이 모두 견뎌내지는 못하지요. 그래서 아이가 견뎌낼 수 있도록 힘을 줘야 한다는 사실 또한 무겁게 느껴집니다.

제가 응원하고 격려해주는 만큼 아이가 성장한다는 사실을 경험으로 배웠거든요. 그래서 아이들이 저의 응원에 힘을 내서 공부할 수 있도록 제 에너지를 쓰려고 노력합니다. 어머니들이 이런 역할을 해준다면 아이도 분명 그 노력만큼 성장하게 될 것입니다.

그리고 대한민국의 어머니들이 더 행복해졌으면 좋겠습니다. 아이를 위해 희생한다는 마음도 중요하지만, 어머니 자신이 행복해야 아이에게 행복한 에너지를 전해줄 수 있으니까요.

# 도전해서 성취하도록
# 이끌어주나요?

위대한 업적을 이룬 사람들에게는
공통점이 있습니다. 바로 몰입입니다.
우리 뇌는 깊게 사고할수록 큰 성과를 내기 때문에 몰입을 통해 개인
의 한계를 넘어섭니다. 그래서 성공한 사람들에게서는 몰입이라는
공통점을 찾을 수 있습니다.

그런데 우리 뇌는 진정 즐기는 일에만 몰입이 가능하다고 합니다.
공부도 마찬가지이지요. 공부를 즐겨야 몰입이 가능하며 이것이
공부를 잘하게 하는 비법이자, 자기주도학습의 핵심입니다.

공부를 즐긴다는 것이 가능한 일인지 의구심을 품은 분들이 있을
겁니다. 하지만 생각보다 많은 아이가 공부를 즐기고 있답니다. 그리

고 초등학교 1, 2학년 처음 공부를 시작할 때 조금만 주의를 기울이면 누구나 공부를 즐기며 할 수 있습니다.

몰입 이론의 1인자는 하버드대학의 미하이 칙센트미하이 교수입니다. 그의 책 《몰입FLOW》은 국내에서도 높은 인기를 얻은 바 있습니다. 몰입 이론은 그 자체로 시사하는 바가 크지만, 제가 주목한 것은 하버드대학에서 그가 했던 실험입니다. 이 실험은 공부를 놀이로 만드는 아이들을 연구하는 데 있어 기초가 됩니다.

하버드대학에서 1,000명의 아동을 대상으로 실시했던 실험인데, 몰입 이론의 기초가 되었던 것이 아닌가 생각됩니다. 이 실험은 10년 이상의 장기 프로젝트로 진행되어, 공부와 놀이에 대한 충격적이고 흥미로운 결과를 얻었습니다.


한 남자아이가 숙제를 하고 있는데 진동이 울립니다. 아이는 숙제할 때의 심리 상태와 왜 숙제를 하고 있는지에 대해 묻는 질문지에 답을 합니다. 집중도, 자기만족도, 타인의존도 등을 평가하는 7개의 객관식 문항에 답을 체크합니다. 감정 상태를 평가하는 질문도 13개나 됩니다.

미하이 칙센트미하이는 1,000명의 아이가 답한 데이터를 분석하고, 실험 대상이 어른이 될 때까지 2년마다 같은 실험을 반복하며 그 경향성을 파악했습니다.

복잡한 질문지이지만, 이 연구가 알아보고자 하는 것은 사실 간단합니다. 아이들이 일상에서 자신이 하고 있는 행동을 어떻게 받아들이는지를 파악하는 실험입니다.

결과는 크게 4분류로 나누어집니다. 우선 일상의 행위들을 주로 놀이로 받아들이는 아이와 일로 받아들이는 아이로 나눌 수 있습니다. 그리고 일과 놀이 모두로 받아들이는 아이가 있고, 일도 아니고 놀이도 아닌 것으로 받아들이는 경우도 있습니다.

같은 숙제를 일이라고 생각하며 억지로 하는 아이와 놀이라고 생각하며 즐기는 아이가 있다는 얘기죠. 그리고 숙제를 일도 놀이도 아니라고 생각하는 아이가 있는가 하면, 일이지만 동시에 놀이라고 생각하는 아이도 있습니다.


한번 생각해볼까요?

어떤 아이가 가장 성공한 인생을 살게 될까요?

또 어떤 아이가 힘겨운 인생을 살게 될까요?

결론부터 말하면 '일과 놀이, 둘 다'라고 대답한 아이들이 가장 성공한 삶을 살게 됩니다. 자신이 하는 행위를 일인 동시에 놀이로 받아들이는 아이들은 대부분 훌륭한 삶을 살게 됩니다.

공부를 해야 하는 일이지만 동시에 자기가 원해서 하며 즐기는 아이들이 가장 행복하며, 실제로 성공한 삶을 살게 된다는 결론입니다.

노력하는 사람이 일을 즐기는 사람은 이기지 못한다는 통념을 증명해주는 실험이죠.

반면 '둘 다 아님'이라고 대답한 아이들은 가장 힘겨운 인생을 살게 됩니다. 자신이 하고 있는 행위를 일도, 놀이도 아니라고 대답한 아이들은 안타깝게도 몇 년 후에 눈에 띄게 나빠졌습니다. 이들 대부분은 치료가 필요할 정도로 급속히 나빠졌다고 합니다.

공부를 왜 해야 하는지 모른 채 억지로 하는 아이들이, 결국 문제 상황에 빠진 것이죠. 아이가 지금 공부를 왜 하는지 모르는 채 억지로 하며 시간만 허비하고 있다면 당장 대책을 세워야 합니다.


아이들은 본능적으로 일과 놀이를 구분합니다. 놀이는 자기가 원하는 것이고, 일은 하고 싶은 것은 아니지만 해야 하는 것이죠. 해야 할 일에 집중하는 아이들은 자신의 미래를 위해 의무감을 따릅니다.

반면 놀이를 선호하는 아이는 당장 즐거운 것에만 집중하는 경향이 있죠. 가장 훌륭한 자세는 해야 할 일을 놀이로 즐기는 자세입니다. 더 나은 미래를 위해 공부를 해야 한다고 믿고, 동시에 즐거운 마음으로 수행하는 것이죠.

미하이 칙센트미하이 교수는 이것을 일과 놀이의 변증법이라고 표현했는데, 이 진리를 일찍 깨달은 아이가 성공할 확률이 높다고 설명하고 있습니다.

40

더 나은 미래를 위해 공부해야 한다고 믿고, 동시에 즐거운 마음으로 하는 아이가 정말 존재하는지 반문할 어머니가 있겠지만, 제가 경험한 바로는 의외로 많습니다.

아이들에게도 잘하고 싶은 마음이 있기 때문입니다. 아이들이 노는 것만 좋아할 것 같지만 그렇지 않습니다. 미하이 칙센트미하이는 "인간은 자신이 가진 잠재력을 모두 실현하고 싶은 욕망을 가지고 태어난다."라는 말로 설명합니다.

실제로 아이들에게도 공부를 잘하고 싶은 마음, 똑똑해지고 싶은 욕망이 있습니다. 칭찬받고, 인정받기 위해 수고로움을 감수하려고 합니다. 물론 초등학교 1, 2학년 처음 공부를 경험하는 순간이 이런 마음을 갖는 데 무엇보다 중요한 시간입니다.

어떤 일을 성취했을 때 우리 뇌에서는 도파민이라는 호르몬이 분비됩니다. 도파민이 분비되면 행복감을 느끼게 되는데, 아이들이 게임에 중독되는 원인도 바로 이 도파민입니다.

공부도 마찬가지입니다. 스스로 도전해서 성취했을 때 도파민이 분비되면 즐길 수 있는 선순환 상황이 됩니다. 누군가는 이것을 이기는 습관이라고 표현하기도 했습니다. 노력하면 좋은 성과가 있다는 확신이 생기고 이런 경험이 누적되어 습관이 되는 것이지요.

그런데 이런 선순환의 상황은 내 아이에게 정확히 최적화된 과제가 주어질 때 가능해집니다. 너무 쉬운 과제가 반복적으로 주어져도, 반대로 너무 어려운 과제가 주어져도 도파민의 분비는 일어나지 않습니다.

도전해서 성취할 수 있는 너무 쉽지도 어렵지도 않은 과제를 적절히 제시해주기 위해서는 아이의 수준과 상태를 정확히 이해하고 있어야겠지요. 그래서 아동학자들이 아이에게 집중하라고 강조하는지도 모르겠습니다. 아이를 잘 관찰해야 성취감을 얻을 수 있는 학습 수준과 방법을 제시해줄 수 있기 때문입니다.

아이가 어려워하는 지점과 지겨워하는 지점을 파악하고, 어려워하는 것은 단계를 낮춰주고, 지겨워하는 것은 나누어서 쪼개 줘야 합니다.

# 분명 잘하는 아이와
# 못하는 아이는 있습니다

공부 머리는 타고나는 걸까요? 후천적으로 개발할 수 있는 걸까요?

아이들을 가르치다보면 분명 잘하는 아이와 못하는 아이가 있습니다. 몇 번만 알려주면 금방 이해하고 기억력도 좋아서 잘 기억하는 아이가 있습니다. 반면 아무리 설명해도 도통 이해를 못하고 아무것도 모르겠다는 표정을 짓는 아이가 있지요.

이런 차이를 느낄 때면 '공부 머리는 선천적으로 타고나는 것이 아닐까' 하는 생각에 풀이 죽기도 합니다. 공부 머리가 그냥 타고나는 것이라면 제가 아무리 노력해도 소용없는 일이니까요. 어머니들도 마찬가지겠지요?

아이를 키우다보면 현실에서 이런 일을 자주 겪게 될 것입니다.

그런데 교육계에서는 후천적인 지능 발달을 더 강조하는 경향이 있습니다. 아이큐가 중요하다는 생각은 80년대에나 했던 생각이며 다양한 영역의 지능이 있다고 합니다. 각자 아이마다 다른 지능을 가지고 있다는 견해가 최근의 경향입니다. 그래서 아이의 잠재력을 후천적으로 개발해주는 노력이 더 강조되곤 합니다.

뇌 과학자들은 49 : 51로 설명하기도 합니다. 선천적 지능이 49라면 후천적으로 발달되는 지능이 51이라는 것이죠.

10년 이상 아이들을 가르치면서 저도 같은 마음을 갖게 되었습니다. 좀 부족하고 늦는 아이도 꾸준히 관심을 보이고 기본기를 쌓아주면 학습 능력이 뛰어난 아이로 자라게 됩니다. 더 많은 관심과 노력이 필요하지만, 분명 가치 있는 노력입니다.


세연이는 확실히 다른 아이들에 비해 실력이 떨어지는 아이였습니다. 한글 읽기 수준도 떨어지고, 어휘력도 낮아서 대부분의 어휘를 모르고 있었습니다. 책을 더듬더듬 소리 내서 읽을 수는 있었지만 내용을 제대로 파악하지는 못했지요. 호기심도 별로 없어서 무엇을 알려줘도 궁금해하지 않고, 대충대충 넘겨 버리는 그런 아이였습니다.

아이 어머니도 공부로는 힘들 거 같다며 큰 기대는 하지 않았습니다. 나중에 그림이나 무용을 시켜서 대학을 보내면 어떨까 상담을 할

초등 1, 2학년 처음 공부

정도였으니까요. 그래도 다행인 것은 어머니께서 다른 아이와 비교해서 늦는 것을 크게 걱정하지는 않았다는 점입니다. 덕분에 기다려줄 수 있는 여유가 있었지요.

세연이가 초등학교에 들어간 이후 독해력을 키워주기 위해서 꾸준히 읽기 공부를 했습니다. 함께 책을 읽으며 책에서 추론할 수 있는 내용을 생각해보기도 하고, 모르는 단어를 그냥 넘기지 않도록 설명도 해줬습니다. 따로 어휘력을 키워주기 위해 어휘 게임도 꾸준히 해줬지요. 물론 같은 나이의 다른 아이들에 비하면 부족하다는 생각이 자주 들었습니다.

그런데 어느 순간 세연이가 새롭게 사고하는 모습을 보이기 시작했습니다. 부쩍 질문을 많이 하며 궁금해하는 모습을 보이기 시작한 것이지요. 보통 아이들이 말을 시작하는 시점부터 질문을 하니까, 좀 늦은 편이라고 생각할 수 있습니다. 하지만 세연이의 뇌에서는 특별한 일이 일어나고 있는 것이 분명했습니다.

놀라운 일이 벌어졌습니다. 세연이가 교내 글쓰기 대회에서 최우수상을 받은 것입니다. 평소에 자신의 생각을 편하게 글로 옮기도록 지도했는데, 하고 싶은 말이 가득한 글짓기 주제가 제시된 것입니다. '금연'이 주제였는데, 아빠가 평소에 담배 피는 것이 못마땅했던 세연이는 솔직한 자기 마음을 글에 담아냈지요. 진심이 통했던지 세연이의 글은 사람들의 마음을 움직였고, 1, 2, 3학년 전체에서 최우수상을 받았습니다.

"선생님이 내 이름을 불렀어요. 나라고 믿기지가 않다가, 갑자기 눈물이 막 났어요."

세연이는 상을 받고 너무 기뻐서 눈물을 흘리며 주저앉았다고 합니다.

신기하게도 이것이 불씨가 되어 공부에 대한 욕구가 타오르기 시작했습니다. 동화책만 읽으려던 아이가 어느 날 실용서를 읽고 싶다며 가지고 왔고, 시키지 않아도 혼자 책을 읽기 시작했습니다. 세상에 대해 알고 싶은 마음이 생긴 것이지요. 이렇게 책 속에서 궁금한 것을 알아내는 법을 스스로 터득하게 된 것입니다.

혼자 책을 읽기 시작하면서 어휘력도 순식간에 자라났습니다. 시키지 않아도 숙제도 스스로 하고, 학교 수업 시간에도 적극적인 아이가 되었답니다. 똑똑해지고 싶어서 더 열심히 책을 보고, 공부하는 아이가 된 것이지요.

남들보다 늦다고 '넌 못해'라고 낙인을 찍고 핀잔을 줬다면, 이 아이는 분명 다른 방향으로 성장했을 겁니다. 사실 제가 이 아이에게 해준 것은 많지 않습니다. 믿고 기다려주며, 기본기를 쌓아준 것이 전부입니다. 그래서 후천적으로 발달하는 지능을 강조하는 것이 최근의 경향인지도 모르겠습니다.

그런데 이런 변화는 초등학교 1, 2학년 시기에 어떤 경험을 하느냐에 따라 결정됩니다. 이 시기가 바로 뇌에 자신만의 뇌지도를 만들어가는 기간이기 때문입니다. 공부에 대한 좋은 기억을 남기면, 공부에 대한 뇌에 긍정적인 뇌지도가 생기지요. 그리고 함께 책을 꼼꼼히 읽으며 독해하는 힘을 키워주며 기본기를 쌓아줬기 때문에, 혼자서 정보를 처리할 수 있는 능력이 생겨서 가능한 일입니다.

저는 이런 아이들을 가르치며 이 아이가 자라서 세상을 위해서 어떤 멋진 일을 해낼지 늘 궁금하고 기대가 됩니다. 공부 머리는 조금 뒤처질지 몰라도 이런 아이만이 세상에 기여할 수 있는 영역이 있을 테니까요.

# 재미있으면 어려운 것도
## 척척 기억합니다

"어린아이에게 생각하는 것은 기억을 떠올리는 것이고, 청소년에게 기억을 떠올리는 것은 생각하는 것이다."

러시아 교육학자 레프 비고츠키의 말입니다.

그는 '아동 심리학계의 모차르트'라고 불립니다. 37세의 젊은 나이로 세상을 떠나기 전까지 무려 180여 편의 저술을 남겼지요. 그리고 법학, 심리학, 문학, 의학도까지 섭렵한 독특한 이력이 그에게 이런 별명을 붙여줬습니다. 이런 이력도 독특하지만 그가 쓴 글은 하나하나 경외감을 일으키게 합니다.

저는 아이들을 가르치며 벽에 부딪칠 때면 레프 비고츠키의 책을 읽으며 해답을 얻곤 합니다. 물론 너무 어렵고 은유적인 표현이라 오

초등 1, 2학년 처음 공부

랜 시간 글을 음미하며 깨닫게 되는 것이 대부분입니다.

실제로 미국이나 유럽의 교육학계에서 후기 비고츠키 학파들이 그의 이론을 이어가면서, 계속 연구하고 발전시키며 그 영향력이 높아지고 있습니다.

'생각하는 것은 기억을 떠올리는 것'과 '기억을 떠올리는 것은 생각하는 것', 글자 그대로 해석하려면 선문답 같아 도통 이해가 되지 않습니다. 실제로 비고츠키의 글들은 늘 이런 식입니다. 생각하고 또 생각하게 만들거든요.

비고츠키가 실제로 아이들을 가르치며 얻은 경험을 글로 옮긴 것이기 때문에, 아이들을 가르치며 그의 글을 적용해보면 더 잘 이해가 됩니다.

아동기와 청소년기의 특징을 대입해서 이 글을 생각해보면 조금 설명이 됩니다. 아동기는 사고 패턴이 만들어지기 전이라, 기억하는 활동을 주로 합니다.

반면 청소년기에는 자신만의 생각 구조가 이미 생겼기 때문에 그 안에서 기억을 떠올리지요. 청소년기에는 기억이 구조화되면서 생각의 틀이 견고히 구축됩니다.

새로운 기억을 저장하고, 기억나는 것을 떠올려보는 정도가 아동이 하는 생각이라고 하면 레프 비고츠키의 말이 이해될까요?

10세 이전, 아동기의 기억에는 어떤 특징이 있을까요?

아이들은 기억되는 정보들을 편견 없이 마구잡이로 기억합니다. 두서없이 기억을 저장하는 것이 앞서 언급한 데이비드 F. 비요크런드의 '아동기 미성숙함'의 핵심일 수 있습니다.

그런데 이 미성숙함 때문에 더 많은 것을 기억할 수 있다고 합니다. 쉽고 어려운 것을 판단하지 않고, 흥미로우면 기억하기 때문에 이를 잘 이용하면 더 많은 것을 기억하게 할 수 있죠.

즐겁다고 느끼면 어려운 것도 척척 기억하게 할 수 있습니다. 엄청난 기억력으로 어른들을 놀라게 하는 영재들의 비밀이 여기에 있는지도 모르겠습니다.

그런데 청소년이 되면서 기억이 구조화되고, 생각의 틀이 만들어집니다. 이미 기억한 것은 알고 있는 것이니 쉬운 것이 됩니다. 반면 기억나지 않는 것은 모르는 것, 어려운 것이 됩니다. 서로 관련 있는 기억을 분류하고, 기억을 근거로 인과관계를 파악하기도 합니다. 그리고 몰랐던 것을 기억의 구조에 편입시키며 생각을 탄탄히 조직합니다.

이렇게 아이의 사고력과 이해력이 생겨나고 다시 통찰력으로 연결됩니다. 막연히 기억되었던 것들이 어느 순간 퍼즐이 맞춰지는 것처럼 깨달음이 되는데, 이것이 통찰의 순간입니다.

초등 1, 2학년 처음 공부

보통 초등학교 고학년, 3~4학년쯤 되면 서서히 사고력이 생기고 생각이 성장하는 것을 느낄 수 있습니다.

여기서 꼭 알아둬야 할 점이 있습니다. 아동기에는 기억 중심의 사고를 하기 때문에 논리적 사고력이 떨어집니다.

가끔 아무리 설명을 해도 이해를 못한다고 답답해하는 학부모가 있는데 이해력이 부족한 것이 아니라, 그 시기에는 당연한 일입니다.

그래서 초등학교 1학년 아이에게 논리적으로 설명해주는 것은 시간 낭비입니다. 100번 설명하는 것보다 기억해야 할 것을 명확하게 짚어주고, 잘 기억할 수 있도록 적절한 상황을 만들어주는 것이 더 효과적입니다.

그리고 이 시기에는 어려운 것도 즐겁기만 하면 기억할 수 있기 때문에, 가능한 많은 것을 외우게 하는 것이 좋습니다. 제가 아이들에게 천자문을 외우게 하는 것도 같은 이유에서입니다.

저는 독해력을 키워주기 위해서 이 시기 아이들에게 천자문을 외우게 합니다. 1학년에 입학한 아이들에게 사자소학을 외우게 하는 초등학교가 있는데, 이것도 같은 이유가 아닌가 생각됩니다.

물론 놀이처럼 즐겁게 외울 수 있도록 그 방법을 찾아주고 연구할 필요는 있습니다. 무작정 숙제처럼 외우게 하기보다는 노래를 이용하거나, 낱말 게임 혹은 퀴즈 게임 같은 것을 이용해서 놀이처럼 즐겁게 외우는 시간을 보내보세요. 저는 어릴 때 백과사전을 외워서 오빠와 퀴즈 게임을 했는데, 그것이 제 삶에 도움이 많이 되었던 것 같습니다.

제가 가르치는 아이들과도 가끔 이런 게임을 하는데, 경쟁심을 자극하기 위해 저도 있는 힘을 다합니다. 그런데 자신이 관심 있는 분야라면 저도 아이들을 이길 수가 없습니다.

아이들이 공룡에 관심을 갖게 되면 저는 절대로 이길 수 없지요. 어떻게 그 복잡한 이름들을 그렇게 기억해내는지 참 신기할 때가 있습니다.

# 기억력과 사고력,
## 어느 하나 놓칠 수 없습니다

6세부터 10세까지의 아동기에는 기억을 중심으로 사고합니다. 당연히 이 시기에는 언어나 수리와 관련된 기억력이 좋은 아이가 공부에 유리할 수밖에 없습니다.

실제로 공부 잘하는 아이들은 공통으로 학습과 관련된 기억력이 좋습니다. 한두 번 가르쳐주면 쉽게 기억이 나니, 학습 성과가 높을 수밖에요.

영재의 조건도 많은 부분 기억력이 영향을 미치기 때문에, 영재로 판정받은 아이들은 대체로 학습과 관련된 기억력이 높습니다. 하지만 이런 아이들에게도 함정이 있습니다.

기억력이 뛰어나기 때문에 오히려 문제가 되는데, 추상화 능력이 떨어집니다. 쉽게 기억하다 보니, 중요한 것만 기억할 필요가 없죠. 그래서 중요한 것과 중요하지 않은 것을 구분하는 능력이 떨어집니다.

이것을 추상화 능력이라고 하는데, 핵심을 파악하는 능력이 떨어진다고 생각하면 됩니다.

똑똑한데 말이 장황하다면 의심해봐야 합니다. 핵심만 파악해서 얘기하지 못하니 처음부터 끝까지 장황하게 얘기하는 아이가 있습니다. 혹은 다 이야기해야 한다고 생각하기 때문에 아예 얘기를 꺼내지 않는 경우도 있습니다. 주변 사람들이 자신의 장황한 얘기를 잘 들어주지 않는 것을 자주 경험하면서, 아예 얘기를 꺼내지 않게 된 것이지요.

한국에서 온 김 군은 학창 시절 우등생이었을 뿐 아니라, 대학에서 전공한 신경학 분야에서도 뛰어난 성적을 보였으며, 박사 과정을 공부하기 위해 독일로 왔다. 김 군은 실로 엄청난 지식을 갖고 있었다. 두뇌 기능뿐 아니라, 신경의 작동 방식 그리고 두뇌의 세세한 부분과 그 속에 담긴 비밀을 다 파악하고 있었다.

하지만 그는 독창적인 지성 면에서는 처참한 낙오자였다. 비정상적인 조합이나 연관성에 대해서는 상상력이 전무했으며, 새로운 아이디어나 학문 방식을 고안하고 발전시키는 능력은 형편없었다. 엄청난 지식으로 무장한 젊

54

은 과학자가 실제로는 바보와 다름없었다.

_ 에른스트 푀펠, 베아트리체 바그너,

《노력 중독 : 인간의 모든 어리석음에 관한 고찰》

위 김 군의 사례처럼 뛰어난 암기력으로 학창 시절 공부를 잘했지만, 독창적인 지성 면에서 낙오를 겪는 사례는 많습니다. 이런 아이에게는 추상화 능력을 키워주지 않으면 활용할 수 없는 지식을 잔뜩 쌓아두고, 자랑하는 수준에 머무를 수도 있습니다.

컴퓨터가 발달하고 창의성이 중요해지면서 단순 암기력에 대한 사회적 관심은 갈수록 더 떨어질 것입니다. 추상화 능력, 사고력, 통찰력을 키워주기 위해서는 핵심을 파악하는 연습을 하거나 줄거리를 요약해보는 것이 도움이 됩니다.

그리고 무엇보다 넓고 크게 보는 능력, 나무가 아닌 숲을 보는 능력을 키워줘야 합니다.

반대로 학습 기억력이 낮아서 공부에는 재능이 없는 것처럼 보이는 경우가 있습니다. 혹 아이의 학습 기억력이 조금 떨어진다고 생각된다면 학습 능력만으로 아이를 재단하지 말았으면 합니다. 사고력이 자라는 초등학교 고학년 이후에 이런 아이가 오히려 두각을 보이기도 합니다.

그래서 이런 아이들에게 더 주의를 기울여 관찰해줬으면 합니다.

학습과 관련된 기억력은 상대적으로 떨어질 수 있지만, 이들에게는 더 특별한 재능이 있기 때문입니다.

직업의 분화가 가속화되면서 다양한 지능에 관심이 높아지고 있습니다. 아이들의 다양한 재능이 사회에 기여될 수 있도록 교육제도가 바뀐다면 세상은 훨씬 다채롭고 멋져질 거라고 상상해봅니다.

물론 언어지능이 떨어지면 학습에 불리할 수밖에 없습니다. 그래서 이런 아이일수록 초등학교 1, 2학년 때 조금 더 신경을 써줘야 합니다.

언어지능이 낮은 아이는 상대적으로 언어를 기억하는 능력이 떨어지기 때문에, 어휘를 잘 기억할 수 있도록 더 신경을 써줘야 합니다. 책 읽기도 아이에게만 맡겨두지 말고, 즐거운 언어적 자극을 줄 수 있도록 도와줘야 합니다.

언어 발달이 이루어지는 시기에 적절한 학습을 통해 기본기를 갖출 수 있도록 신경을 써주는 것입니다. 어휘력과 독해력이 학습 능력에 절대적인 영향을 미치기 때문입니다.

구체적인 학습 방법은 chapter 2와 chapter 3에서 다시 소개하겠습니다.

# 아이들에겐 각자
# 강점지능이 있습니다

저는 아이들에게 천자문을 외우게 합니
다. 그런데 천자문을 외우게 하면 아이마다
차이를 엿볼 수 있습니다. 특히 기억력에 관해서는 확실한 차이가 느
껴집니다. 그냥 아무 조건 없이 잘 외우는 아이가 있는가 하면, 특별
한 조건이 필요한 아이가 있고, 어떻게 해도 못 외우는 아이가 있습
니다. 보통 아무 조건 없이 잘 외우는 아이가 학습 관련 기억력이 좋
죠. 흔히 이런 아이가 똑똑하다고 평가받습니다.

그런데 그냥은 잘 못 외우지만 노래를 이용하면 금방 외우는 아이
가 있습니다. 음악적 감각이 있는 아이들은 천자문 송을 몇 번 들려
주면 금방 외운답니다. 또 시각적인 자극을 통해 외우는 아이가 있는

데, 이런 아이는 한자 카드가 도움이 됩니다.

그리고 안타깝게도 죽어라 못 외우는 아이가 있습니다. 천자문 송도 들려주고, 한자 카드도 이용해보지만 외웠다가도 금세 잊어버리는 아이가 있습니다.

신기한 것은 이런 아이가 학년이 올라가서 천자문의 원리를 이해하게 되면 엄청 잘 외우게 됩니다. 그리고 천자문의 원리를 제대로 이해했기 때문에 잘 잊어버리지도 않습니다.

뿐만 아닙니다. 이런 아이들은 사고의 깊이가 남다릅니다. 조건 없이 천자문을 외웠던 아이가 절대로 할 수 없는 놀라운 질문을 하곤 하지요. 하늘 천, 검을 현 두 글자의 의미, 즉 '검은 하늘'의 의미를 생각해보고 과학적 사고로 확대하기도 합니다.


이렇게 언어 감각이 좋고, 학습과 관련된 기억력이 좋은 아이가 있는 반면 그렇지 못한 아이가 있다는 사실은 분명합니다. 보통은 똑똑한 아이와 그렇지 못한 아이가 이렇게 구분되곤 하지요.

하지만 사고력이 중요해지는 시점이 되면 후자의 경우가 두각을 보이기도 합니다. 흔히 늦머리가 트인다고 하는 경우가 아닌가 생각됩니다. 그런데 초등학교 1, 2학년 때는 언어지능이 떨어지는 아이들이 고통을 겪을 수밖에 없습니다. 이 시기에 하는 학습 대부분은 언어지능이 중요하기 때문입니다.

언어지능이 낮은 아이들은 실패 경험이 학습되면서 안타까운 상황에 이릅니다. 학교에서는 주목받지 못하고, 학원 레벨 테스트를 통과하지 못하는 경험이 반복되면서 자존감이 떨어지고, 스스로 공부를 못한다고 생각하며 성장하게 되지요.

> 지능은 사람이 중요한 개념을 배우는 데 활용되어야지 사람들을 분류하는 데 사용되어서는 안 된다. 나는 새로운 '패배자'들을 만들어내고 싶지 않다. 지금까지 표준화된 지능검사는 비범한 재능을 발견하는 데 사용되어 왔다. 그리고 확실히 신동들을 찾아내는 데 효과가 있었다.
>
> 그러나 이런 검사에서 실력을 발휘하지 못하는 사람들을 한번 생각해보자. 그들의 강점은 어떻게 측정할 수 있을까? 그리고 그들의 강점을 측정한다는 것은 어떤 의미일까?
>
> _ 하워드 가드너, 《다중지능》

이런 의미에서 꼭 알았으면 하는 것이 하워드 가드너의 《다중지능》입니다. 최근 한국의 많은 아동심리연구소에서도 '다중지능'을 측정하고 있어 한 번쯤 들어보았을 겁니다.

그런데 한국에서는 이 또한 일종의 지능검사처럼 되어 버린 것 같아 우려됩니다. 지능수치에 연연하기보다는 아동의 강점을 발견하고, 그것을 개발하여 아이만의 가능성을 열어주는 방향으로 접근하라고 조언드리고 싶습니다.

다중지능 이론에서 가장 중요한 것은 단순한 IQ 테스트로 아이들의 지능을 판단하는 것이 위험하며, 좀 더 세밀한 관심과 관찰이 필요하다는 사실을 강조한 점입니다.

다중지능을 이해하면 지능을 그저 '높고 낮다'로 구분하는 2분법적 사고가 매우 낡았다는 생각이 듭니다. 그리고 아이들의 다양한 잠재 능력을 개발해주지 못했다는 사실을 반성하게 될지도 모릅니다. 하워드 가드너는 모든 아동이 천재의 가능성을 지니고 있다고 말하는데, 각각의 강점을 잘 개발시켜주면 누구나 천재의 가능성을 지니고 있습니다.

지금까지 주목받지 못했던 다양한 지능에 관심을 두고, 이런 지능이 제대로 발달되어 세상에 기여하게 된다면 어떨지 상상해볼까요? 훨씬 풍족해진 세상이 그려지지 않나요?

하워드 가드너의 다중지능 이론의 핵심은 여기에 있습니다. 지금까지 소외받았던 지능, 학교 성적과는 무관한 지능에 관심을 주고 그런 지능이 제대로 개발될 방법을 모색하여 교육 제도를 바꿔갔다는 것, 그리고 그런 아이들이 만들어갈 다채로운 미래를 생각해보게 한다는 점입니다.

# 아이의 지능 프로파일,
# 알고 있나요?

하워드 가드너는 미국 교육계에서 가장 영향력 있는 아동 심리학자입니다. 하버드대학 교육심리학과 교수이자, 보스턴 의과대학 신경학과 교수라는 이력 때문만은 아닙니다. 지능에 대한 그의 연구와 책들은 경외감을 품게 합니다. 저는 그를 현대적 지능을 선언한 선구자라고 표현하고 싶습니다.

흔히 아이큐IQ, Intelligence Quotient라고 하는 단일 지능의 한계를 지적하며, 인간 지능의 범위를 7개의 영역으로 확대했습니다. 이렇게 지능의 범주를 넓혀서 인간의 가치를 증대시켰으며, 그 뜻이 교육계에도 반영되어 교육의 방향과 태도를 바꾸었습니다.

역사적으로 대부분의 학교는 획일화되어 왔다. 학생들은 똑같은 것을 똑같은 방식으로 배우고 평가받았다. 이런 접근법은 공평해 보인다. 모든 사람이 동등하게 취급되기 때문이다.

그러나 사실 이런 접근은 공평하지 않다. 학교는 언어지능과 논리수학지능이 강한 사람에게는 유리하고, 다른 지능 프로파일을 나타내는 사람에게는 불리하기 때문이다. 개인 중심 교육은 자기중심적인 것이 아니다. 오히려 개인차를 진지하게 고려하는 교육법이다.

_ 하워드 가드너, 《다중지능》

  겨우 초등학교 1, 2학년 아이의 다중지능까지 신경 써야 하나 의구심을 품을 수 있습니다. 제가 다중지능을 언급하는 이유는 초등학교 1, 2학년 때 두각을 보이거나, 혹은 좀 부족하다고 해서 아이에게 편견을 갖게 될까 봐 걱정이 되어서입니다.

  지능 프로파일에 따라서 기존의 학교교육에 쉽게 적응하는 아이가 있고, 또 늦게 자신의 재능을 발휘하는 아이가 있습니다. 그리고 학습의 관점에서는 유난히 똑똑해 보이는 아이가 있는가 하면, 반면 어눌하다고 느끼는 아이가 있습니다.

  그렇다고 너무 실망할 것도 또 쉽게 안도할 일도 아니라는 말씀을 드리고 싶어서입니다. 모든 아이가 자신의 재능을 제대로 발휘하기 위해서는 노력과 시간이 필요하지요. 하워드 가드너는 "인간의 지

초등 1, 2학년 처음 공부

능이 그 진가를 발휘하기 위해서는 10년 이상의 노력이 필요하다.''라고 했습니다. 아이의 고유한 재능을 발견하고 차분히 대처했으면 합니다.

하워드 가드너가 언급한 7개의 지능은 언어지능, 논리수학지능, 공간지능, 음악지능, 신체운동지능, 인간친화지능, 자기성찰지능, 자연친화지능입니다.

모든 인간은 한두 개에서 서너 개의 강점지능을 가지고 있습니다. 7개의 지능을 기준으로 아이 개인의 지능 프로파일을 파악하고, 그에 따라 적절한 교육 기회를 제공하고, 진로를 정할 때 참고할 수 있습니다.

그리고 한두 지능이 유별나게 발달한 레이저형 프로파일과 다양한 지능이 고르게 발달한 서치라이트형 프로파일로 나뉩니다.

모차르트처럼 음악지능에 특별히 탁월한 경우라면 레이저형 프로파일이라고 할 수 있겠죠. 반대로 세 가지 이상의 영역에서 강점이 균일하게 나타나는 사람을 서치라이트형 프로파일이라고 합니다. 이 서치라이트형 프로파일은 강점지능을 파악하기 쉽지 않을 수 있습니다. 지능이 고르게 발달했으니 그렇겠죠?

인터넷에서 간단히 할 수 있는 질문지도 있으니 참고하여 아이의 프로파일을 이해해봤으면 합니다. 하지만 아동기의 지능은 끊임없이 변화하기 때문에 한두 번의 테스트로 섣부른 판단을 할까 봐 조심스럽기도 합니다.

초등학교 6년간 아이의 지능은 끊임없이 변화한다면 '다중지능을 이해하는 것이 무슨 의미가 있을까' 하는 생각도 들 것 같습니다. 지능검사보다 중요한 것이 관련 경험이기 때문에 초등학교 1, 2학년 아이를 둔 어머니들이 알았으면 합니다.

예를 들어 자연친화지능이 높은 아이가 아파트 단지에서만 생활하고 자연을 접할 기회가 전혀 없다면, 이 지능이 개발될 확률이 낮아집니다. 이렇게 자연친화지능이 높다는 사실을 모른 채 살아가거나 뒤늦게 발견되어 자신의 재능을 제대로 발휘하지 못하는 안타까운 상황이 생길 수 있으니, 이런 관점에서 접근해줬으면 합니다.

실제로 하워드 가드너는 음악지능이 낮은 부모에게서 자란 아이는 자신의 음악지능을 발견하지 못했다는 실제 사례를 들어 설명하고 있습니다. 세상에 기여할 수 있는 아이의 고유한 지능이 안타깝게 발견되지 못하고 엉뚱한 곳에 시간을 낭비하는 경우가 많아 조심스럽지만 알려드립니다.

각각의 지능과 관련된 경험을 제공하여 아이의 프로파일을 이해하고, 아이 스스로도 경험을 통해 지능을 개발할 수 있는 기회를 주었으면 합니다.

그리고 다중지능 이론의 핵심은 언어지능과 논리수학지능이 아닌 다른 지능으로 시선을 옮겼다는 점에 있습니다. 실제로 컴퓨터와 인공지능이 발달하면서 주목받지 못했던 지능으로 관심이 옮겨지고 있는 것이 세계적인 추세입니다.

물론 아직 과도기에 있지만 변화의 징후는 교육 현장 곳곳에서 엿보입니다. 미국의 '프로젝트 수업'이 대표적인 변화라고 할 수 있습니다.

하지만 초등학교 1, 2학년 때는 언어지능과 논리수학지능이 높아야 학습에 잘 적응하는 것이 현실입니다. 학부형의 입장이라면 어느 것 하나 놓칠 수가 없겠지요. 이해합니다.

언어지능과 논리수학지능 또한 어떤 방식으로 어떻게 지도하느냐에 따라 충분히 발달될 수 있는 학습 영역입니다. 특히 초등학교 1, 2학년 때는 아이마다 대동소이한 차이만 보이기 때문에, 지능에 실망하거나 의존하기보다는 적절히 발달할 수 있도록 지도해줬으면 합니다.

# 어른들의 시각 안에
## 아이를 가두진 않나요?

"선생님, 2학기에는 시험 안 본대요."

"그래? 작년에는 시험 봤는데."

"반이 다르겠죠. 선생님이 그랬어요. 시험 안 본다고요."

"그래? 좋겠네."

"……."

"너 시험 보고 싶구나? 시험 잘 봐서 상 받고 싶지?"

"헤헤헤, 몰라요!"

"시험 보면 공부해야 하는데?"

"하면 되죠!"

지수가 시험을 보고 싶다고 하네요. 참 놀랄 일이었습니다. 지수는 영어 유치원에서 항상 뒤처지는 아이였습니다. 스펠링 테스트를 보면 매번 0점을 받아서, 친구들 사이에서도 0점으로 유명한 아이였습니다. 그래서 시험, 테스트라고 하면 지긋지긋할 거라고 생각했는데 이제는 시험을 보고 싶다니요.

긍정적인 성격의 지수는 유치원에서는 힘들었지만, 초등학교에 들어가서는 적응을 잘하고 있습니다. 글짓기와 그림 그리기 대회에서 상을 두 번이나 받으면서, 자존감과 만족감이 매우 높아졌지요. 인정받았을 때의 기쁨을 누리면서, 학교에서만은 꼭 인정받고 잘하고 싶다는 마음이 생긴 것입니다.

아이에게도 공부를 잘하고 싶은 마음이 있습니다. 제 경험상 모든 아이는 공부를 잘하고 싶어합니다. 잘하고 싶지만, 어떻게 해야 잘하는지 모르기 때문에 하기 싫어하고, 또 그만큼 성적이 오르지 않는 것입니다. 그래서 어떻게 해야 잘할 수 있는지 구체적으로 알려주고, 또 정말 잘할 수 있도록 차근차근 끌어줘야 합니다.

그리고 무엇보다 잘하고 싶은 마음을 지켜주는 것도 중요합니다. 저는 이 잘하고 싶은 마음을 절대로 꺼드리면 안 되는 불씨라고 생각합니다.

그래서 항상 아이들에게 "공부 잘하고 싶지? 선생님만 믿어! 공부 잘하게 해줄게."라고 말하곤 합니다. 단순한 한마디 말이지만, 아이 스스로 잘하고 싶은 마음을 확인하게 하고, 그 마음을 지켜주기 위해서입니다. 잘하고 싶은 마음을 불씨라고 한다면, 그 마음을 차근히 키워주는 것도 중요합니다. 땔감과 적당한 바람이 있어야 불이 타오르듯, 잘 하고 싶은 마음도 노력해서 긍정적인 결과를 얻으면 활활 타오르게 됩니다.

반면 분무기로 몇 번만 뿌려도 불씨는 죽어 버리듯, 몇 번의 부정적인 경험을 하면 잘하고 싶은 마음은 깊숙이 숨어 버리게 됩니다. 그래서 초등학교 저학년 때 어떤 경험을 하느냐가 중요합니다.

그래도 다행인 것은 잘하고 싶은 마음은 불씨처럼 영원히 꺼지지는 않는다는 사실입니다. 아이 마음 깊숙이 숨어 버리기 때문에, 언제든 그 숨은 마음을 다시 꺼내서 키워줄 기회는 있답니다.


우선 공부도 자기 스스로 결정하고 선택할 수 있다고 느끼게 하는 것이 중요합니다. 더 나은 삶을 살기 위해 자발적으로 결정해서 즐겁게 할 수 있도록 이끌어줘야 하지요.

그래서 저는 아이가 자발적으로 결정했다고 느낄 수 있도록 아이의 뇌를 속이는 방법을 가끔 이용합니다. "공부 잘하고 싶지?"라고 묻는 것도 같은 이유입니다. 공부 잘하고 싶은 마음을 스스로 확인하게 하는 것이지요. 자신의 인생을 위해 본인이 결정했다는 마음을 확인하

68

고 키워주는 것입니다.

책을 읽을 때도 가능한 자기가 읽고 싶은 책을 직접 고르게 하거나, 두세 권 중에서 선택권을 주는 것입니다. 글을 쓸 때도 쓸 내용을 본인이 충분히 생각하게 한 후, 자기가 결정한 내용을 쓴다는 기분을 느끼게 해줘야 합니다. 그리고 그 결정을 최대한 인정해주는 것이 좋습니다.

가끔 재미는 없지만 꼭 읽어야 하는 책은 포인트를 정확히 짚어준 후 일부러 못 읽게 하기도 합니다. 그러면 아이들은 청개구리처럼 더 궁금해하며 더 읽겠다고 때를 부립니다. 그러면 한 장 정도만 읽어주고, 궁금하면 본인이 직접 읽어보도록 책상 위에 놓아주기만 합니다.

물론 이런 경우 정말 책을 읽는 경우는 절반도 안 됩니다. 아이가 읽기에 어려워서 읽지 않는 것은 어쩔 수 없습니다. 하지만 읽고 싶다는 마음을 반복해서 느끼게 해주는 것이 매우 중요합니다. 이런 마음이 커져야 독서에 대한 긍정적인 마음이 자리를 잡게 되니까요.

교육 심리학자들은 이것을 준비성의 법칙이라고 하는데, 준비도가 높을 때 만족도가 높아집니다. 배가 고플 때 음식이 더 맛있듯이 궁금한 마음이 클수록 집중도와 학습 성과가 높아지는 것이지요.

지수는 유치원 때 어려움을 겪었기 때문에 초등학교에서는 자신의 삶을 좋은 방향으로 이끌어가고 싶은 마음, 즉 동기가 생긴 것입니다. 다행히 학교에서 상도 받고 인정받으면서 잘할 수 있다는 확신을 갖게 된 것이지요. 시험을 보고 싶다고 말할 정도로 말입니다.

공부에 대한 자발성은 이렇게 키워집니다. 그래서 지수는 어떻게 하면 학교 수업을 잘할 수 있는지 구체적으로 알려주면 흔쾌히 잘 따라줍니다. 힘든 마음보다 잘하고 싶은 마음이 더 커진 것이지요.

이렇게 일과 놀이의 변증법적 순간, 해야 할 것이지만 즐기게 되는 마법 같은 순간이 온 것입니다.

물론 지수가 성장하는 내내 넘어야 할 산은 많을 것입니다. 하지만 미리 걱정할 필요는 없습니다. 지금의 난관을 극복할 수 있는 방법을 잘 깨닫고 기본기를 단단히 쌓아 가면 됩니다. 인간은 실패를 극복하면서 성장하니까요. 아이들은 어른들이 생각하는 것보다 훨씬 강하고 회복력이 좋습니다. 동기와 동력만 있으면 스스로 삶을 긍정적인 방향으로 충분히 이끌어갈 수 있습니다.

어른들의 시각 안에 아이를 가두진 않았나요?

그래서 억지로 공부를 해야 하는 상황이 되고, 공부는 싫은 것으로 인식된 것은 아닌지 생각이 많아집니다.

70

TIPS

# 공부가 놀이고,
# 놀이가 공부인 '학습놀이'

## 우주놀이

저는 가끔 아이들과 우주놀이를 합니다. 무한대의 우주에 관심을 갖게 되면 작은 일에 연연하지 않고, 좀 더 넓은 시선과 큰 품을 가진 사람으로 자랄 거라 믿어 우주놀이를 하게 되었습니다. 놀이를 통해 우주를 이해시켜주고, 우주를 상상하게 하려는 것이죠.

7~8세 아이에게 우주와 관련된 어려운 단어들을 설명해줄 방법이 없었는데, 우주놀이는 달랐습니다. '중력, 토성, 화성, 천왕성, 블랙홀, 암모니아, 영하' 같은 어려운 단어들을 척척 기억하게 했거든요. 놀이는 분명 더 많은 것을 기억하게 하고, 지루하고 어려운 것조차 관심 갖게 만들 수 있습니다.

그런데 아이들의 관심을 유도하기 위해서는 무중력 상태에서 날아다니는 똥이 얼굴에 부딪히는 우스꽝스러운 상황을 만들어 깔깔거리며 웃기도 해야 합니다. 우주에는 중력이 없어 물도 밥도 똥도 떠다닌다고 하면 키득키득 웃으며 즐거워하지만, 동시에 중력의 의미를 깨닫게 되죠.

우주여행의 경로를 함께 짜면서 우리 은하계를 상상할 수도 있습니다. 토성에 가면 얼음 조각에 부딪힐 수 있으니 조심하라며 얼음을 피하는 시늉도 합니다.

영하 170도가 넘는 화성에서 우주복을 입지 않고 나갔다 꽁꽁 얼어버리기도 하고, 공기 중에 암모니아가 많은 목성에 가면 코를 틀어막으며 냄새가 나는 시늉도 합니다.


그러다 보면 좀 시끄럽고 산만해질 수밖에 없습니다. 하지만 중·고등학교에 가서 배우는 '수, 금, 지, 화, 목, 토, 천, 해' 순서와 우주의 원리를 아이 스스로 기억하고 암기할 수 있습니다.

이때 우주의 원리를 이해시키고 싶은 욕심에 뭔가를 설명하려고 하면 아이들은 금방 눈치채고 흥미를 잃어버립니다. 뭐라도 알려줘야 한다는 욕심이 앞서서 아이의 흥미를 잃게 하는 것이지요.

욕심을 버리고 아이를 즐겁게 하는 데 집중하면 오히려 더 효과가 있습니다.

초등 1, 2학년 처음 공부

학년이 올라가면서 관련된 책도 읽고, 이론적으로 접근할 기회가 생기게 됩니다. 그러면 즐거운 기억을 떠올리며 가벼운 마음으로 공부하게 될 것입니다.

## 공부가 되는 끝말잇기

처음 한글을 쓰기 시작하는 아이의 언어 발달을 위해 제안하는 것이 바로 끝말잇기 게임입니다. 6세부터 초등학교 1학년이 끝말잇기를 통해 어휘력을 키워주기에 가장 좋은 시기입니다. 보통 쓰기를 시작할 때 하면 좋은데, 아이의 발달 상태에 따라 적절히 시도해보길 권해드립니다.

끝말잇기의 교육 효과를 높이기 위한 저만의 비법이 있습니다. 끝말잇기를 할 때 그냥 말로만 하지 않고, 아이들로 하여금 단어를 노트에 옮겨 적게 하면 됩니다. 그러면 게임으로 즐기면서 글자의 생김새와 한글 맞춤법에 관심을 갖게 됩니다.

이렇게 하면 끝말잇기만으로도 훌륭한 놀이학습을 할 수 있습니다. 놀이와 공부의 경계에 있기 때문에 자발적으로 한글 맞춤법에 흥미를 갖게 합니다.

저학년 아이들은 글을 쓸 때 소리 나는 대로 쓰기 때문에, 종종 이상한 문장을 만들어내기도 합니다. '새복 많이 받으세요'와 같은 문장입니다. '새해 복'이 아이들의 머릿속에 '새복'으로 들어 있나 봅니다. 이렇게 들리는 대로 기억되었던 단어들의 정확한 표기법을 글로 쓰는 끝말잇기를 통해서 깨우치게 됩니다.

또 소리가 같아도 다르게 적어야 하는 글자가 있다는 사실도 깨닫게 됩니다. 발음은 같지만, 'ㅐ'와 'ㅔ'처럼 다르게 써야 하는 경우가 있고, 소리와 글자가 다른 경우가 있다는 것을 놀이를 하면서 깨우치게 되죠.

이렇게 놀이를 통해 글말을 이해하게 하고, 맞춤법을 받아들일 준비를 시켜주는 것입니다.

맞춤법은 오랜 세월 많은 사람이 사용하며 수정 보완된, 약속 같은 것이라 명료하게 설명해주기가 힘들 때가 많습니다. 'ㅔ'와 'ㅐ'를 어떻게 구분해야 하는지 설명하기란 참 어려운 일입니다. 가장 빠른 방법은 많이 사용해보며 익숙해지는 것인데, 놀이의 힘을 빌려 맞춤법에 흥미를 갖게 하고 부지불식간에 수준을 높여주는 것이지요.

실제로 제가 가르치는 1학년 아이들에게 맞춤법 공부를 따로 시키지 않고, 이렇게 글로 쓰는 끝말잇기만 해도 받아쓰기를 할 때 쉽게 적응한답니다.

글로 쓰는 끝말잇기를 할 때 이기고 지는 것은 별로 중요하지 않습니다. 끝말잇기 한방단어는 나중에 친구들 사이에서 이기고 싶어 안달이 날 때 쓰라고 알려주면 됩니다. 그리고 끝말잇기를 할 때는 금방 끝나 버려서 교육 효과를 제대로 얻지 못한다는 얘기를 종종 듣습니다. 아이의 어휘력에 한계가 있어 늘 비슷한 단어만 반복하다 끝나는 것이죠.

끝말잇기 게임의 교육적 효과를 높이려면 게임을 쉽게 끝내지 않고 가능한 오랫동안 이어가는 것이 좋습니다. 그러기 위해서 모르는 글자는 알려주기도 하고, 틀린 글자는 힌트를 주어 최대한 많은 어휘를 사용해보게 해야 합니다.

저와 아이들은 보통 한두 달, 길게는 한 학기 동안 게임을 이어가곤 합니다. 이 게임의 목표는 이기는 것이 아니라 승부욕을 자극해서 즐겁게 어휘력을 키우고, 글자에 관심을 갖게 하는 것이니까요.

그리고 글로 쓰는 끝말잇기의 가장 큰 장점은 어려운 어휘에 관심을 갖게 한다는 점입니다. '집'으로 시작하는 3개의 단어를 예로 들어보겠습니다.

아이들에게 '집밥', '집사', '집도' 이렇게 3개의 단어를 알려주면 어떤 단어를 선택해서 적을까요?

아이들은 한 번쯤 들어봄직한 '집밥'과 '집사' 같은 단어를 더 편하게 생각합니다. 평소에는 '집도'처럼 어려운 단어에는 통 관심이 없습니다. 그런데 끝말잇기를 할 때만은 다릅니다.

게임을 할 때는 대부분 어려운 단어인 '집도'를 선택한답니다. 본능적으로 어려운 단어를 많이 알아야 게임에 유리하다는 것을 알고 있기 때문입니다.

이것이 바로 놀이의 힘입니다. 공부라고 생각하면 쉬운 것을 선택하지만, 놀이는 어려운 것을 선택하게 한답니다.


그리고 1학년 1학기 때는 쉬운 단어 위주로 게임하다가, 2학기 때부터는 어휘의 수준을 좀 높여주는 것이 좋습니다. 아이가 사용하는 어휘들이 일상어 수준에 머물러 있기 때문에, 게임을 리드하는 어머니가 한자어나 수준 높은 단어를 많이 사용하면 아이의 어휘력을 키워주는 데 도움이 됩니다.

처음에는 평범한 단어로 시작해서 점점 수위를 높여주는 것이죠. 평소 어려운 한자어에는 관심 없던 아이도 게임에는 이기고 싶기 때문에 어려운 단어에 눈이 반짝일지도 모릅니다.

부모의 입장에서는 아무래도 교육적 효과에 더 신경을 쓰게 됩니다. 조금이라도 더 공부가 되었으면 하는 것이죠. 그래서 아이의 눈높이에서 생각하기보다는 어떻게든 어휘력을 키워주고 싶은 욕심을 부리게 됩니다. 그 욕심을 아이에게 들켜 버리면 놀이로 즐길 수 없

76

게 됩니다.

학습 이전에 즐거운 놀이로 받아들이게 하는 것이 중요합니다. 즐거워야 아이의 뇌가 자발적으로 작동하거든요.

아이가 정말 이기고 싶은 마음이 생겨야 이런저런 단어에 관심을 갖게 되고, 맞춤법에도 신경을 쓰게 된답니다. 아이에게 공부가 되었으면 하는 마음을 조금 내려놓고, 아이와 게임하며 즐거운 시간을 보내길 바랍니다.

chapter 2

# 아이의 '공부 실력'
# 얼마나 알고 계신가요?

# 언어 능력이 좋아야,
# 공부가 쉬워집니다

"철학은 우주라는 드넓은 책에 쓰여 있다. 그 드넓은 책을 읽으려면 우주의 언어를 이해해야 한다. 그 언어는 수학으로 되어 있으며 문자는 삼각형, 동그라미, 기하학적 수치들이다."

철학과 우주에 관해서 갈릴레오가 했던 유명한 문장입니다. 언젠가 이 문장을 읽고 너무 멋있어서 단숨에 외워 버렸던 기억이 있습니다. 노년의 갈릴레오가 우주의 언어를 이해하기 위해 우주를 관찰하던 모습을 상상하며 이 문장을 기억하곤 했지요. 뉴턴과 아인슈타인 그리고 수많은 과학자로 이어지는 우주라는 드넓은 책을 이해하기 위한 탐구들이, 너무 멋지다고 생각하곤 했습니다.

우주라는 책을 읽기 위해서는 수학이라는 언어가 뛰어나야 하니까,

80

저는 그저 가끔 밤하늘의 별을 즐기는 수준으로 만족해야겠다는 생각도 했지요.

그런데 아이들을 가르치면서 이 문장이 새롭고 다르게 다가오고 있습니다. 공부도 마찬가지로 언어를 이해하는 것에서 시작됩니다. 우주의 언어는 수학이지만, 우리 아이들이 공부하는 모든 과목의 언어는 한글로 된 문장을 기반으로 합니다.

그래서 문장을 이해하는 것에서 공부가 시작됩니다. 문장이 모여 만들어지는 문단에서 핵심을 파악하고, 그렇게 모인 전체 글의 구조와 맥락을 읽어내는 능력, 여기에서 공부 실력이 결정됩니다.

무엇보다 언어를 잘 이해하고 기억하는 아이가 공부에 유리한 것은 분명합니다. Chapter 1에서 하워드 가드너가 학교교육이 언어지능과 논리수학지능이 높은 아이에게 유리하다고 했던 이유도 여기에 있습니다.

초등학교 1, 2학년 저학년 수준의 공부는 특히 더 그렇습니다. 아동심리학에서는 이 시기를 전조작기라고 부릅니다. 그래서 초등학교 1, 2학년 학습은 아동의 전조작기 특성에 맞춰 설계됩니다. 이 시기의 아동은 자기중심적 사고를 하며 보이는 대로만 믿고 받아들입니다.

때문에 논리적 사고를 요구하는 학습은 이루어지지 않으며, 언어를 이해하고 사용하는 수준의 학습만 이루어집니다. 수학도 간단한 수 체계를 이해하거나, 길이를 재고 원을 그리는 감각하는 학습이 주로 이루어집니다.

공부의 수준이 높지 않기 때문에 조금만 잘해도 큰 차이로 느껴지기도 합니다. 어떻게 보면 진짜 실력 차이가 드러나는 시기가 아닌데 워낙 조기교육과 선행학습이 유행처럼 이루어지다 보니, 이 시기의 실력 차이를 전부로 받아들이는 폐해가 생긴 것은 아닌가 생각됩니다.

그런 이유로 이전에 설명드렸던 7개의 다중지능 중 언어지능과 논리수학지능이 높은 아이가 공부에는 유리할 수밖에 없습니다. 특히 언어지능이 높은 아이는 언어에 관심이 높고 언어 기억력 또한 좋습니다. 때문에 혼자서 책을 읽어내기도 하고, 여러 책을 읽으며 언어 능력은 더 견고해집니다. 그래서 이런 아이가 흔히 똑똑하다고 평가받게 되고, 초등학교에 입학해서도 일찍 두각을 보입니다.

그런데 언어지능이 높다고 해서 모두 공부를 잘한다고 할 수도 없으며, 또 언어지능이 낮다고 해서 공부를 못한다고 단정할 수는 없습니다. 언어지능이 높은 아이가 언어를 빨리 이해하고 기억하지만, 그 능력을 꾸준히 개발해주는 노력 또한 중요합니다. 단순 언어 능력 이

82

상의 공부 실력이 동원되어야 하는 영역이 있기 때문입니다.

물론 언어지능이 낮아서 조금 늦는 아이도 마찬가지입니다. 언어 발달을 위해 꾸준히 노력만 해준다면 충분히 공부를 잘할 수 있습니다. 언어지능의 단순 역량만으로 해결되지 않는 수준이 있기 때문입니다.

초등학교 때는 시키지 않아도 잘해줘서 공부 걱정은 없겠다고 생각했던 아이가, 중·고등학교에서 성적이 뚝 떨어져 당황하게 되는 경우를 주변에서 흔히 접할 수 있을 것입니다.

여기서는 초등학교 저학년 때 언어 발달을 위해 노력해야 한다는 점을 확실히 해두고 싶습니다. 조금 힘들어도 이 시기에 1~2년만 꾸준히 노력하면 중·고등학교 때까지 스스로 학습할 수 있는 기본기가 생기기 때문입니다.

그러기 위해서는 자신의 생각을 말과 글로 명확히 표현하기 위해 노력해야 언어 발달이 이루어집니다. 글을 읽으며 그 맥락과 구조를 파악하는 연습을 통해 읽기 수준도 꾸준히 높여줘야 합니다. 또 생각을 글로 옮겨내는 쓰기 연습도 중요합니다. 초등학교에서 일기를 쓰게 하는 것도 같은 이유입니다. 그 구체적인 학습 방법은 차근히 풀어 나가겠습니다.

# 언어 발달도
# 때가 있습니다

언어 발달을 위해 가장 중요한 시기가 언제일까요?

물론 나이가 들어서도 언어 발달은 가능합니다. 할머니 할아버지도 외국어를 공부할 수 있지요. 하지만 나이가 들어 새로운 언어를 받아들이려면 많은 시간과 노력이 필요합니다.

반면 어릴 때는 새로운 언어를 쉽게 흡수합니다. 실제로 많은 아동학자가 언어 발달에 때가 있다고 합니다. 바로 초등학교 저학년 시기가 언어 발달을 위해 집중적으로 노력해야 하는 때입니다.

한글을 깨우치고, 초등학교에 입학해서 1~2년 동안 책을 읽고 글을 쓰면서 이룬 언어 발달이 학습의 기본기가 됩니다. 이 언어 능력을 기반으로 공부하며 세상에 대한 이해와 통찰을 키워 간다면

84

이해가 될까요?

그래서 초등학교 1, 2학년, 저학년 공부의 핵심을 언어 발달이라고 강조하는 것입니다.


언어 발달의 결정적 시기가 10세 이전이라는 사실을 증명하는 흥미로운 일화가 있어 소개할까 합니다.

미국 시골 마을에서 생후 20개월의 여자아이가 방안에 갇혀 생활하게 됩니다. 이 아이는 불행히도 10년이 넘게 방안에 감금되어 외부인의 접촉 없이, 학대받으며 자랐지요.

11살이 되었을 때 다행히 경찰에 의해 발견되는데, 발견 당시 이 소녀는 교육을 전혀 받지 못해 동물에 가까운 모습이었다고 합니다. 무엇보다 말을 하지 못하기 때문에 의사소통이 전혀 불가능했죠.

미국 정부는 이 소녀가 정상 생활로 돌아갈 수 있도록 모든 노력을 기울였고, 다행히 대부분 정상적인 생활이 가능해졌습니다. 하지만 단 한 가지, 언어 능력만은 달랐습니다. 아무리 노력해도 일반인처럼 말하고 글을 쓸 수 없었습니다. 전문치료사와 심리학자들이 동원되어 말과 글을 가르치고 소통을 시도했지만, 결국 실패했습니다. 언어를 배워야 하는 시기를 놓쳐 버린 것이죠.

어떤가요? 언어 발달에도 때가 있다는 말이 실감되지 않나요?

이 사례는 언어 발달의 결정적 시기가 6세에서 10세까지라는 사실을 증명하기 위해 종종 언급됩니다. 아동심리학자들은 6세부터 10세까지를 '언어 발달의 결정적 시기'라고 합니다.

이 시기에 급격한 언어 발달이 이루어지고, 이때를 놓치면 야수 소녀의 사례처럼 언어 발달의 심각한 문제가 야기되기 때문에 이렇게 불리게 되었지요.

실제로 7세부터 10세 사이, 즉 초등학교 저학년 시기에 학습을 담당하는 전두엽의 특정 부위가 폭발적으로 성장합니다. 그런데 뇌가 발달하려면 적절한 자극이 필요합니다. 스트레스를 받을 정도로 과도한 자극은 안 좋지만, 적절한 언어 자극을 통해 뇌신경이 발달하도록 이끌어주는 것도 필요합니다.

언어지능이 단순히 부여되는 것이라면 위 사례에서 언급한 아이가 언어를 사용하지 못할 이유는 없겠죠. 다시 말해 언어는 지능을 넘어 개발시켜줘야 한다는 것을 반증합니다.


인류가 이 시기에 아동의 언어 능력을 키워주기 위해 노력해왔다는 흥미로운 근거는 또 있습니다. 바로 아동기에 주로 하는 낱말 게임입니다. 우리나라의 대표적인 낱말 게임으로는 '끝말잇기'가 있죠.

외국에는 더 많은 언어 게임이 있습니다. 메소포타미아에는 각 행의 첫 글자를 맞춰 단어를 조합하는 아크로틱스가 있고, 히브리인들은 철자의 순서를 바꾸어 새로운 단어를 만드는 아나그램을 하며 놀았습니다. 그리스인들에게는 알파벳의 모든 문자를 사용해서 짤막한 글을 만드는 팬그램이 있고, 로마인들은 앞뒤 양쪽이 같은 회문을 만들며 놀았다고 합니다.

이렇게 놀이를 통해 아동의 언어 발달을 꾀했던 흔적은 쉽게 찾을 수 있습니다. 이런 언어 게임이 자연발생적으로 생겨나 오랜 시간 이어져 내려오고 있는 것은 놀이를 통해 아동기의 언어 발달을 시도했음을 암시합니다.

그래서 어휘 게임이나, 기억하기 놀이를 통해 어휘력을 키워주는 것은 이 시기의 아동에게 꼭 필요한 학습입니다. 아동은 기억을 통해 사고하기 때문에 다양한 암기학습을 권해드립니다.

저는 어릴 때 오빠와 끝말잇기도 하고, 누가 속담을 많이 외우나 내기도 했습니다. 특히 백과사전을 외워서 서로 퀴즈를 내며 놀았는데, 이것이 학습과 언어 발달에 특히 도움이 되었던 것 같습니다. 실제로 공부를 잘했던 사람들의 경우, 이런 게임을 하며 놀았다고 말하는 것을 자주 들었습니다.

언어지능이 높은 아이는 언어 기억력이 좋아서 새로운 어휘를 쉽게 기억합니다. 또 이런 아이에게는 어휘를 기억하는 것이 즐거운 일이기 때문에 자발적으로 학습이 가능합니다. 그래서 특별히 신경을 쓰지 않아도 스스로 언어 발달을 이룰 수 있지요.

반면 언어지능이 낮은 아이는 새로운 어휘를 기억하고 활용하는 능력이 떨어집니다. 새로운 어휘가 더 낯설고 잘 기억되지 않기 때문에 책을 읽는 것도 상대적으로 덜 즐겁지요. 그렇다 보니 언어 발달이 늦는 악순환 상태가 됩니다. 그래서 이런 아이에게 맞춰진 학습이 필요한 것입니다.

초등학교 1, 2학년, 이 시기의 아이들은 매년 1,000개에서 2,000개 사이의 새로운 어휘를 습득하며 자랍니다. 하루에 서너 개가량의 어휘를 습득하는 셈이지요.

이때 언어지능에 따라서 기억하는 어휘의 양에 차이가 생깁니다. 이미 살펴봤듯이 새로운 어휘가 더 잘 기억되는 아이, 즉 언어지능이 높은 아이가 더 높은 수준의 어휘력을 갖게 되겠지요.

이렇게 초등학교 1, 2년 사이에 어휘력 수준이 큰 차이로 벌어지게 됩니다. 그래서 언어지능이 낮은 아이에게는 그 차이를 최소화할 수 있도록 지도하는 것이 중요합니다.

독서가 중요하다고 강조하는 것도 같은 이유입니다. 그런데 언어지능이 낮은 아이는 새로운 어휘를 받아들이는 능력이 떨어지기 때문에 혼자서 책을 읽기가 힘듭니다. 제 경험으로는 문장 속에서 모르는 단어의 뜻을 유추해내는 능력이 확실히 떨어집니다.

우리 아이는 책을 읽지 않는다고 고민하는 어머니들이 많이 있는

데, 그런 아이들은 막연히 아이에게만 맡겨두기보다는 스스로 독서할 수 있도록 조금 더 신경 써줘야 합니다.

책이 재미없는 것이 아니라, 모르는 어휘 때문에 책의 재미를 느끼지 못하는 것입니다. 그래서 모르는 어휘를 처리하며 글을 읽고 정보를 습득하는 연습을 차근히 시켜줘야 합니다.

읽기를 강요하기보다는 아이의 어휘력 수준에 맞는 책을 골라주고, 모르는 어휘를 잘 설명해주며 문장을 이해하도록 이끌어줘야 합니다.

# 아이의 언어 습관,
## 챙겨보았나요?

혹시 생활 속에서 아이가 어떤 언어를 사용하는지 언어 습관을 챙겨봤나요?

정확한 단어를 사용하고 있는지 혹은 정확하게 의사소통하기 위해 노력하고 있는지 챙겨봐야 합니다. 언어 발달을 위해서 책을 읽고 글을 쓰는 것도 중요하지만, 자신의 감정이나 생각을 표현하는 분명한 문장을 만들어내기 위해 일상적으로 노력하는 것 또한 매우 중요합니다.

이런 노력은 말을 시작하는 20개월 무렵부터 시작되어 꾸준히 이어져야 합니다.

"현실 세계에서 그 어떤 것도 아동의 말을 이끌어내지 않는다. 오직 성인의 요구와 결핍만이 언어 습득이라는 위대한 과업을 달성하게 만든다."

후기 비고츠키 학파 유리 카르포프는 성인의 요구로 아이들의 언어 발달이 이루어진다고 말합니다.

16~20개월 무렵 아이가 말을 시작합니다. 이때 처음에는 한두 단어로 말을 시작하며, 비언어적인 의사소통을 함께 시도합니다. 단어를 모를 때는 손짓, 눈짓, 얼버무림 등 다양한 방식으로 자신의 의도를 전달하지요.

이때 몸짓이나 눈짓만으로 아이의 의도를 파악해서 욕구를 해소해 주는 것이 언어 발달에 나쁜 영향을 미칩니다. 바로 아이의 요구를 해결해주기보다는 언어적 훈련을 시켜줘야 합니다.

물건의 이름을 정확히 발음해서 알려주고 아이가 여러 번 따라서 발음할 수 있도록 이끌어줘야 합니다. 이런 경험이 여러 번 반복되면 아이는 비언어적인 소통을 멈추고, 명확한 표현에 집중하기 시작하고, 정확히 발음하기 위해 노력합니다. 이렇게 언어 발달이 시작되는 셈이죠.

초등학교에 들어가서도 마찬가지입니다. 아이의 언어 습득을 촉진하려면 아동의 몸짓을 이해해서 쉽게 들어주기보다는 정확한 낱말을 사용하도록 독려해야 합니다. 엄마가 아이의 요구를 너무 빨리 도와줘 버리면, 아이가 노력할 이유가 없어집니다.

아이가 자신의 욕구를 호소하기 위해 말하는 법을 배워야 하는데, 엄마가 눈빛만으로도 이해해주니 동기가 사라지는 것이지요.

제 경험으로도 애착이 지나치게 형성되어 오히려 언어 발달이 더딘 경우가 있었습니다. 자신의 마음을 너무 잘 이해받은 아이가 오히려 잘못된 언어 습관을 보이는 경우는 종종 있습니다. 사랑이 과하여 말로 구구절절 표현할 필요가 없는 삶을 살았던 것이지요.

혹은 반대로 어른들이 자신의 의견을 충분히 들어주지 않는다고 느끼며 자란 아이는 짜증으로 표현하거나, 소통을 포기하는 경우가 있습니다. 그래서 아이의 말에 충분히 집중해서 들어줘야 하는 것이지요.

뿐만 아닙니다. 엄마가 아이가 할 말을 다 결정해줄 때도 언어 발달이 더딥니다. 아이가 어떻게 말을 해야 할지 몰라 말을 얼버무릴 때는 스스로 말을 꺼낼 수 있도록 생각할 시간을 주고 기다려줘야 합니다. 이때 "이렇게 얘기해야지." 하고 가르쳐주는 일이 반복되면 아이는 스스로 말을 찾기보다는 부모의 입만 쳐다보게 됩니다.

이렇게 언어 발달이 제대로 이루어지지 못한 채 초등학교에 입학해서 아기처럼 소통하는 경우는 의외로 많습니다. 초등학교에 입학한 이후라도 늦지 않았습니다. 일상적으로 정확한 언어를 사용할 수 있도록 기다려주고 들어주면 좋은 언어 습관이 생길 것입니다.

초등학교에 입학한 이후 아이의 언어 능력을 파악하기에 가장 좋은 방법은 함께 책을 읽으며 아이가 모르는 어휘를 관찰하는 것입니다. 이미 여러 번 강조했듯 아이마다 어휘 수준이 천차만별입니다.

함께 책을 읽으며 아이에게 모르는 단어가 있으면 꼭 말하라고 해야 합니다. 모르는 단어의 빈도와 수준을 관찰하면 아이의 어휘력 수준을 짐작할 수 있습니다.

특히 일상적으로 사용하는 동사, 형용사, 부사를 다양하게 알고 있는지를 주의해서 파악해야 합니다. 그 수준이 현격히 떨어진다면 어휘력을 키워주기 위해 반드시 노력해야 합니다. 제 경험상 당연히 알겠지 하는 어휘들을 모르는 경우가 제법 많았습니다.

이미 언급했듯, 언어지능이 낮은 아이의 특징은 어휘 기억력이 떨어지는 것입니다. 새로운 어휘를 잘 기억하지 못하고, 문장을 기억하는 능력도 상대적으로 뒤처집니다. 또 문장 속에서 단어의 뜻을 유추하거나, 새로운 단어를 활용해서 문장을 만드는 것도 어려워하죠.

반면 언어지능이 좋은 아이는 새로운 단어를 잘 기억하고, 문장도 잘 이해되어 문장 그 자체를 어려움 없이 기억합니다. 또 새로운 단어를 활용하여 문장을 만들어내는 것도 쉽게 하지요.

완벽하게 이 차이를 극복하게 할 수는 없겠지만, 그래도 초등학교에 입학하는 순간부터 꾸준히 노력하면 그 차이가 줄어드는 것은 분명합니다. 그리고 아이가 어휘를 이해하는 능력이 떨어지는 것이 크게 속상할 일은 아닙니다. 이런 아이가 잘 기억하는 다른 영역이 분명 있으니까요.

초등학교 1, 2학년 때 어휘력 수준을 높여주기 위해 꾸준히 노력해준다면 이런 아이들의 잠재 능력이 훨씬 더 크다는 사실을 경험으로 깨달았습니다. 어휘력 수준 차이는 이 시기에만 조금 신경 쓴다면 충분히 그 차이를 줄여줄 수 있으니까, 오히려 감사한 일일 수 있습니다.

언어지능은 다른 지능에 비해 후천적으로 개발시켜줄 수 있는 여지가 매우 높으니까요.

어휘력을 키워주기 위해서는 평소에 새로운 어휘로 문장을 만드는 놀이를 하는 것이 가장 효과적입니다. 한글을 깨우치는 시점부터 초등학교에 입학한 이후까지 꾸준히 해주면 효과가 있습니다.

먼저 책을 읽으며 아이가 모른다고 말했던 단어를 포스트잇에 적어서 냉장고에 붙여둡니다. 그리고 이 단어를 활용해서 문장을 만드는 게임을 하는 것입니다. 물론 언어지능이 낮은 아이는 이런 활동을 어려워하거나, 즐기지 못할 수 있습니다. 그러면 난이도가 낮은 한두 개 단어부터 시작해서 부담 없이 즐기도록 이끌어줘야 합니다. 대신 최소 1년 이상은 꾸준히 해줘야 합니다.

예를 들어볼까요?

'풍년'과 '흉년'이라는 단어를 모른다고 했다면 두 단어를 냉장고에 붙여두고 "올해는 풍년일까? 흉년일까?" 이렇게 질문을 던져 아이의 생각을 이끌어줍니다. 아이가 각자의 방식으로 다양한 문장을 만들어내겠죠?

보통 게임하면서 서너 번 정도만 문장을 만들어보면 자연스럽게 어휘를 습득하게 됩니다. 물론 아이에 따라서 어려워할 수도 있습니다. 이미 다 설명해줬는데 "풍년이 뭐야?" 하고 다시 물어볼 수도 있습니다. 두 번 세 번 설명해도 기억하지 못하는 경우가 허다합니다.

이럴 때는 실망하거나 속상해하지 말고 시간의 힘을 믿었으면 합니다. 절대 포기하지 않고 1년 이상 꾸준히 하다 보면 부쩍 자라 있는 실력을 확인할 수 있을 것입니다.

# TV라는 바보상자,
# 꽤 괜찮은 활용법

제가 어릴 때는 TV를 바보상자
라고 했습니다. 저희 어머니는 TV를
많이 보면 바보가 된다며 바보상자라고 자주 말씀하시곤 했지요. 물
론 그렇게 말씀하시긴 했지만 TV 보시는 것을 참 좋아하셨습니다.
가끔은 이 말이 TV에 빠져 시간 가는지 모르는 어머니 자신에게 하
는 말처럼 들리기도 했습니다.

그래도 그 시절에는 TV에 낭만이 있었습니다. 제가 초등학교 때
는 한 대의 TV로 온 집안 식구가 함께 봐야 했기 때문에, 주말이면
엄마 품에 안겨서 드라마와 〈주말의 영화〉를 봤던 기억이 지금도 생
생합니다. 슬픈 장면에서는 주룩 눈물이 흐르기도 했죠. 아버지가

96

꼭 보시던 뉴스까지 함께 봤는데, 그렇게 어른들의 말을 배워 갔던 것은 아닌가 생각도 듭니다.

실제로 TV의 교육적 가치에 관한 의미심장한 연구 결과도 있습니다. 우리에게도 익숙한 TV 프로그램인 〈세서미 스트리트〉 사례입니다. 우리나라의 〈뽀뽀뽀〉나 〈딩동댕 유치원〉처럼 〈세서미 스트리트〉는 공교육 외에 다른 교육을 받을 수 없는 저소득층 아동을 위해, 미국의 공영방송인 PBS가 제작한 프로그램입니다. PBS 개국과 동시에 제작된 이 방송이 지금까지 방영되고 있으니, 역사적인 교육프로그램이 아닐까 생각됩니다.

의미심장한 것은 〈세서미 스트리트〉를 보고 자란 아이와 보지 못한 아이 사이에 어휘력 수준에 상당한 차이가 있다는 결과입니다. 때문에 무조건 TV를 못 보게 하는 것보다, 교육적인 프로그램을 선별하여 아이와 함께 보는 것이 어휘력 발달에 도움이 됩니다.


그런데 언제나 그렇듯 무작정 보여주는 것은 위험합니다. 우선 말을 하지 않는 20개월 이전의 TV 노출은 굉장히 위험합니다. TV 화면은 1초에 24프레임의 이미지가 빠르게 지나갑니다. 최근 고화질 TV는 120프레임 이상도 있다고 합니다. 이것은 매우 강한 시각적 자극입니다. 아이의 뇌가 여기에 적응되면 평범한 시각 자극에 둔감해지고, 강한 자극만 계속 요구하게 됩니다. 이런 자극에 익숙한 아이가 자연을 관찰하는 지루함을 견딜 수 있을까요?

책의 지루함을 견디지 못하는 것은 당연하겠죠. 특히 우뇌가 집중적으로 발달하는 시기인 7세 이전에는 TV 시청을 최대한 자제하는 것이 좋습니다.

하지만 6~7세 이후 학습이 시작되는 시기에 좋은 역사 드라마나 영화 또는 호기심이 생긴 분야와 관련된 다큐멘터리 등을 보여줘서 어휘력도 키워주고 학습에 활용하라고 조언드립니다.

유튜브 없는 육아를 상상도 할 수 없다고 말씀하는 어머니들이 많습니다. 그래서인지 식당에 가면 아이패드나 핸드폰에 빠져 있는 유아들을 종종 볼 수 있는데 걱정이 됩니다. 잠시 편해지자고 아이를 강한 자극에 길들어놓으면 돌이킬 수 없는 순간이 옵니다.

가능하면 어릴 때는 최대한 노출하지 않는 것이 좋고, 스스로 조절할 수 있는 시기에 시작하라고 다시 한 번 말씀드리고 싶습니다.


저는 학창 시절에 봤던 〈조선왕조 500년〉과 〈여명의 눈동자〉 덕분에 우리 역사를 더 잘 이해할 수 있었습니다. 물론 그 드라마로 역사를 공부했던 것은 아닙니다. 나중에 역사를 공부할 때 어릴 때 봤던 장면들이 떠올라 자연스럽게 역사를 이해하고 암기할 수 있었던 것이죠.

〈주말의 영화〉로 봤던 영화들도 마찬가지입니다. 당시에는 하나도 이해하지 못했지만, 나중에 다시 보고 '아 이런 내용이었구나' 하고 이해하곤 했습니다. 그래도 몇몇 장면은 기억에 남아 있기도 하고, 어떤 대사는 제 뇌리에 꽂혀 생각을 키워주기도 했습니다.

그리고 무엇보다 초등학교 시절에도 멋있다고 느꼈던 대사들과 인물들이 있었습니다. 내용도 제대로 파악하지 못하면서 멋있는 인물에 공감하며 대사를 외웠던 것은 참 신기한 일입니다. 누가 시켜서는 절대로 하지 않을 일이죠.

TV의 또 다른 장점은 TV에 나오는 인물들을 통해 꿈을 키울 수 있다는 점입니다. 저도 어릴 때 TV에 나오는 멋진 인물을 보며 나중에 그런 멋진 어른이 되고 싶다는 생각으로 꿈을 키웠지요.

초등학교 때 다니던 소아과 원장님께서 '심장병 어린이 돕기' 캠페인을 하며 TV에 나와 인터뷰하는 장면이 아직도 생각납니다. 매주 나오기도 했지만, 주변에서 보던 사람이 TV에 나오니 더 인상에 남았던 것 같습니다. 나중에 원장님처럼 TV에 나오는 훌륭한 사람이 되고 싶다는 생각도 했었지요.

그래서 아이가 초등학교 입학을 앞두고 있거나 1, 2학년이라면 아이와 함께 볼 수 있는 좋은 영화, 드라마, 다큐멘터리들을 찾아보라고 권해드립니다.

# 한글 공부,
# 학교 공부의 시작입니다

아이들의 언어 발달이 폭발적으로 일어나는 순간이기도 하며, 가장 신경을 많이 써줘야 하는 시점이 언제일까요?

바로 한글을 깨우치기 시작하는 시기입니다. 뇌에 기반 요소를 갖췄기 때문에 한글을 이해할 수 있는 것이며, 또 한글 공부는 다시 언어 발달을 촉진합니다.

이렇게 한글과 언어 발달은 분절된 것이 아닌 서로 영향을 미치며 발달됩니다. 단순히 한글을 깨우치는 것보다, 그 이후의 발달이 더 중요하다는 사실을 강조하고 싶습니다.

그럼 우리 아이들이 어떻게 한글 공부를 하고 있는지 한번 살펴보 겠습니다.

영재를 선호하는 사회 분위기 때문인지 한글 공부를 일찍 시작하는 것을 선호합니다. 많은 아이가 이르면 4~5살 때부터 한글 공부를 시작하지요.

이렇게 일찍 공부를 시작한 아이들은 왜 글을 읽어야 하는지, 또 왜 글이 필요한지도 모른 채 지루하게 학습지를 풀며 한글을 공부하고 있습니다. 한글 공부만 2년 넘게 하는 경우도 있습니다. 그래서 한글 공부만으로 스트레스 증상을 보이기도 하지요.

이렇게 문제를 일으키는 사례가 있다 보니, 최근에는 한글 공부 방법이 다양해지고 있어 참 다행입니다.

가능하면 아이에게 맞춘 학습 방법을 찾아주려고 노력하는 어머니를 종종 만날 수 있었습니다. 초등학교에 들어갈 때까지 인지학습을 전혀 시키지 않고, 입학한 이후에 한글을 시작하는 경우도 있을 정도로 말입니다.

물론 저는 초등학교에 들어가기 전에는 한글을 읽고 쓸 수 있어야 한다는 입장이지만, 어머니들이 소신껏 하신 결정을 응원합니다.

그래도 아이가 입학할 초등학교의 지도 방침을 미리 확인했으면 합니다. 각 초등학교마다 조금씩 기준에 차이가 있는데, 1학년 때 한글을 가르치는 학교도 있고, 한글을 전혀 가르치지 않는 학교가 있습니다.

한글을 충분히 공부했는데 입학한 이후에 지루하게 한글 공부만 하면 오히려 공부가 지루하다는 생각을 키워줄 수 있습니다. 반대로 학교에서 한글을 가르치지 않는다면 한글을 제대로 익히지 않아 당황했던 경험이 공부에 대한 나쁜 첫인상이 될 수도 있으니까요.

그래서 아이가 들어갈 학교의 방침이 어떤지 미리 확인해서 아이가 당황하지 않도록 준비시켜주기를 조언드립니다.


큰 노력을 기울이지 않았는데 스스로 한글을 떼고 혼자 글을 읽는다면 '아이의 언어지능이 높구나!' 정도로 판단하면 됩니다.

이미 강조했듯 한글을 일찍 깨우치는 것보다는 한글을 알고 난 이후가 더 중요합니다. 새로운 어휘를 익히며 어휘 체계를 만들고, 책을 읽으며 정보를 습득하고, 서사를 인지하는 능력을 키워주는 것이 더 중요합니다.

글의 소리만 읽어내는 수준이 아니라, 글 속의 정보를 읽어내는 것 말입니다. 그러기 위해서 가장 먼저 해야 할 것이 문자를 보고 정보를 얻는 시각적 예민함을 키워주는 것입니다.

언어 발달은 시각중추와 관련이 있는데, 문자를 구분하는 시각적 예민함이 발달되어야 글 속에서 정보를 찾아내는 능력이 자랍니다. 한글을 어려워하는 아이들을 잘 관찰하면 ㄱ과 ㄴ을 구분하지 못하는 경우가 있습니다. 각 글자의 차이를 인지하지 못하는 것이죠.

그래서 글을 못 읽는 사람을 '문맹', 글자를 보지 못하는 사람이라고

초등 1, 2학년 처음 공부

표현하는지도 모르겠습니다. 아이가 이런 상태일 때는 글자를 하나하나 구분해서 보는 연습부터 시작해야 합니다.

한글을 깨우친 이후에는 퀴즈를 내서 아이가 능동적으로 정보를 찾는 시각 훈련을 해줘야 합니다. 더듬더듬 한글을 읽기 시작하면 글자만 그냥 읽게 하지 않고, 퀴즈를 내어 문장 속에서 정보를 찾는 연습을 시켜주는 것입니다.

제가 추천하는 교재는《일곱 나라 일곱 어린이의 하루》입니다. 이제 한글을 뗀 6~7세 즈음의 아이가 공감할 수 있는 내용이며, 또래 어린이가 화자이기 때문에 아이들도 즐겁게 읽을 것입니다. 이 책은 다른 나라 아이의 일상을 다루고 있어, 이 시기 아동이 궁금할 수 있는 내용이라 호기심을 자극하지요.

이 책은 이탈리아, 일본, 페루, 우간다, 러시아, 인도, 이란의 어린이가 각자 자기의 이름을 말하는 것으로 시작합니다.

첫 페이지를 읽힌 후 "우간다 아이의 이름은 뭘까?" 하고 질문을 던져보세요. 그러면 더듬더듬 글자를 읽을 수 있는 아이가 원하는 정보를 얻어내기 위해 문장에 집중합니다. 이런 식으로 "이란의 아이는 누구랑 함께 살까?" "일본의 아이는 아침으로 무엇을 먹을까?" 같은 질문을 해주면 됩니다.

이때 답을 찾기 위해 글에 집중하는 아이의 뇌는 활발해집니다. 그저 글자의 음을 소리 내서 읽는 수준을 넘어 글에 정보가 담겨 있다는 사실을 깨닫게 되고, 글과 정보가 함께 아이를 자극합니다. 처음 한글을 읽기 시작할 때 이런 연습을 해야 글의 의미를 새기며 읽는 습관이 생깁니다.

물론 아이가 의미를 제대로 파악하지 못하는 것에 놀랄 수도 있습니다. 이제 겨우 한글을 읽어낸 수준이니 당연합니다. 가르쳐주려는 마음을 잠시 접고, 아이가 스스로 찾아낼 수 있도록 시간을 주어야 합니다. 반복할수록 그 시간이 줄어들 것입니다.

하루에 한두 문제 정도만 꾸준히 해주고, 한 문장 정도의 쓰기를 병행하면 자연스럽게 한글도 늘고 책 읽기 수준도 높아집니다.

# 아이의 언어 습관,
# 어떻게 물려주고 있나요?

'모국어母國語'라는 단어는 참 의미심장합니

다. 아이가 생각할 때 기반이 되어주는 언어

가 바로 어머니의 언어라는 의미를 담고 있지요. 영어로도 'mother

tongue'이라고 쓰며 모국어와 같은 뜻을 담고 있는 표현입니다.

한번 생각해볼까요?

중국인 엄마와 한국인 아빠 사이에 태어난 아이가 미국에서 자란다

면 이 아이의 모국어는 어떤 언어일까요?

우선 중국인 어머니가 영어를 사용하는지, 혹은 중국어를 사용하

는지에 따라 달라지겠죠. 중국인 어머니가 영어를 주 언어로 사용

한다면 영어가 모국어가 되고, 중국어와 한국어를 이중 언어로 습

득하며 자라게 되겠지요. 반대로 어머니가 중국어를 주로 사용한다면 중국어가 모국어가 될 것이며 영어와 한국어를 이중 언어로 습득하게 되겠지요. 이것이 자연스럽게 이중 언어를 습득하는 방식일 것입니다.

그렇다면 한국의 영어 몰입교육을 어떻게 봐야 할까요? 겨우 언어를 습득하는 4~5살부터 영어유치원을 다니며 영어를 배우고 있는 아이들의 언어 발달은 어떻게 이루어질까요?

이중 언어를 사용하는 아이들 또한 모국어 수준이 높아야 제2외국어 수준도 높습니다. 요즘에는 초등학교 아이들이 저보다 영어를 더 잘하는 것처럼 보입니다. 특히 발음이 좋아서 영어 수준이 더 높아 보이지요. 어릴 때부터 영어를 사용하면 영어에 사용되는 혀 근육이 발달하기 때문에 발음이 좋아지는 것은 사실입니다.

하지만 영어 독해를 시켜보면 그 수준이 들통납니다. 영어로 소통이 가능한 것과 수준 높은 영어 지문을 이해할 수 있는 것에는 차이가 있습니다.

유아적 수준의 모국어를 사용하는 아이는 영어 실력 또한 한국어 수준 정도에 멈춰 있는 것을 관찰할 수 있었습니다. 그래서 모국어 기반을 탄탄히 하고 제2외국어로 영어를 습득할 수 있도록 전략적으로 지도해야 합니다.

실제로 아이들은 주 양육자의 말을 그대로 흉내 냅니다. 보통 주 양육자가 어머니이기 때문에 어머니의 언어를 물려받게 되지요. 그래서 어머니의 언어가 중요하다고 하는지도 모르겠습니다.

아이가 어머니의 지능을 닮는다는 통념을 한 번쯤은 들어보았을 거예요. 저는 이 통념도 어머니에게서 전수되는 모국어의 영향이 아닐까 생각합니다. 풍부한 언어 기반을 물려받은 아이가 학습에도 유리하니까요.

6세부터 10세 무렵 아이의 언어 습관이 주변의 영향에 급격히 변하는 경험은 누구나 한 번쯤 해봤을 겁니다. 사투리를 사용하는 할머니와 몇 달만 함께 생활해도 금방 사투리를 배우거나, 또래 친구들의 말을 금방 따라 하는 일은 흔히 있는 일입니다.

이 시기에는 언어 발달이 급격히 이루어지기도 하고, 사회화가 시작되기 때문에 주변의 영향에 크게 좌우되곤 하지요.

그래서 아이의 언어 습관에 있어서만은 어머니의 책임이 막중합니다. 그렇다고 너무 부담스러워할 필요는 없습니다. 아이에게 훌륭한 언어 습관을 물려준다는 것이 쉬운 일은 아니지만, 또 그렇게 어려운 일도 아닙니다.

흔히 어머니의 언어지능이 그대로 이어진다고 생각할 수 있는데 그렇지 않습니다. 아이가 적극적으로 언어를 습득할 수 있도록 이끌어주는 어머니의 태도가 더 중요해 보입니다.

이제 제가 제안하는 3가지만 결심해도 좋은 언어 습관을 만들어줄 수 있을 것입니다.

첫 번째는 외국어학습도 중요하지만 모국어 기반을 튼튼히 해 주겠다는 단호한 의지입니다.

얼마 전까지만 해도 한글보다 영어에 대한 관심이 훨씬 더 높았습니다. 영어유치원에 초등학생을 위한 특별반이 있을 정도였으니까요. 아이들이 영어유치원을 졸업하고 방과 후에 다시 유치원으로 와서 영어 수업을 듣는 것입니다.

2018년부터 2개 언어로 수업하던 사립초등학교에서도 1, 2학년에게는 영어 수업을 하지 못하도록 하는 교육부 지침이 있었습니다. 그래서 어머니들 사이에 혼란이 컸지요. 그런데 이것은 1, 2학년 때 모국어교육이 중요하기 때문에 불가피했던 조치라고 생각합니다. 실제로 지나친 영어 몰입교육의 폐해를 많이 목격할 수 있었으니까요.

두 번째는 아이가 제대로 언어를 습득하고, 또 정확한 언어를 사용할 수 있도록 기다려주고 이끌어주겠다는 마음입니다.

아이를 사랑하는 마음으로 어리광 피우는 아이의 말을 그대로 다 이해해서 들어주기보다, 아이가 자신의 생각을 정확하게 표현하도록 단호한 태도로 대해야 합니다. 그러기 위해서 차분히 들어주는 노력이 우선되어야 합니다.

또 아이에게 말을 가르쳐준다는 생각으로 아이가 할 말을 정해서 알려주는 것도 부정적인 영향을 미칩니다. 자신이 할 말은 아이가 스스로 생각하고 결정하는 습관을 드려줘야 합니다.

물론 잘못된 말을 할 때는 차분히 고쳐주고 알려줄 필요는 있겠지요. 아이가 스스로 정확히 표현하려는 마음이 생겨야 올바른 언어 습관이 생기는 것은 물론, 자신의 생각을 풍부하게 표현하기 위해 더 많은 어휘를 습득하려고 노력하게 됩니다.

세 번째는 초등학교 1, 2학년 2년 동안 하루에 4개 이상의 새로운 어휘를 익힐 수 있도록 꾸준히 도와주겠다는 다짐입니다.

이렇게만 노력해도 1년에 1,500개 정도의 새로운 어휘를 익히게 됩니다. 평소에 자연스럽게 습득되는 어휘가 있기 때문에 조금만 더 신경을 써주면 아이의 어휘력 수준이 탄탄하게 자랄 수 있습니다.

그리고 새로운 단어를 익힐 때 한자어라면 어떤 한자를 사용하는지 확인해보고, 또 영어나 외국어 표현도 챙기는 것이 좋습니다.

따로 어휘력 학습지를 풀리는 것은 도움이 되지 않습니다. 오히려 학습지를 풀며 어휘 공부가 지루하고 재미없는 것이라는 인상만 심어줄 수 있으니까요. 이미 언급했던 새로운 단어를 활용해서 문장을 만들어보는 연습을 놀이처럼 즐기는 것을 추천합니다.

# 공부 기본기,
# 단어의 뜻을 새겨보는 습관에서
# 시작됩니다

현우가 수업 시간에 엉뚱한 말을 해서 고개를 갸웃하게 되었습니다. 맥락 없이 "치킨 말고 통닭을 먹으라고 했어요."라고 말한 것입니다. 저는 치킨과 통닭이 어떻게 다른지를 되물어봤습니다. 현우는 치킨과 통닭 두 단어의 의미를 전혀 인지하지 않고 사용하고 있었습니다.

치킨은 바삭하고 통닭은 축축하다 정도가 현우가 두 단어에서 떠올리는 인식 수준이었습니다. 문자적 인지는 없고, 경험적 의미만 가지고 있는 셈이죠.

그런 현우에게 치킨은 닭을 영어로 표현한 것이고, 통닭은 닭을 통째로 요리해서 통닭이라고 하는 거라고 알려주니 놀란 표정을 짓더

초등 1, 2학년 처음 공부

군요. 그날 현우는 말할 때 단어의 뜻을 한 번 생각해보는 습관을 들이기로 약속했습니다.

아이들 대부분 자기가 하는 말의 뜻을 정확히 새기지 않고 사용하곤 합니다. 그래서 가끔 자기가 무슨 말을 하는지도 모르는 채 말을 하고, 또 무슨 글을 쓰는지도 모른 채 글을 쓸 때가 있습니다.

어릴 때 논술학원에 다니며 어려운 글을 배운 아이들에게 이런 경향은 더 뚜렷하게 나타납니다. 학원에서 어려운 말을 접하다 보니, 들어서 기억나는 어휘를 생각하지 않고 사용해서 그런 것이지요.

그래서 평소에 생각하고 말하는 습관만 잘 들여도 언어 능력이 제대로 발달합니다. 자신이 사용하는 말과 글의 뜻을 새겨보는 습관을 들이는 것이 언어 능력과 독해력 발달의 시작인지도 모르겠습니다. 학교에서 사전을 찾아보며 모르는 어휘를 알아가게 하는 것도 같은 이유입니다.


우리가 사용하는 단어에는 삶의 흔적과 역사가 담겨 있습니다. 치킨과 통닭만 해도 그렇습니다. 동네 시장 닭튀김 집에서 닭을 한 마리 통으로 튀겨서 판매하던 시절에는 '통닭'이라는 단어를 사용했죠. 그래서 그 시절을 다루는 장면에 '통닭'이라는 단어가 사용됩니다. 월급날 노란 봉투에 통닭을 포장해 오신 아버지와 그것을 나누어 먹는 가족들의 모습, 가난했지만 정겨웠던 그 시절의 향수가 이 단어에 묻어 있습니다.

그러다 90년대 이후 미국식 치킨을 판매하는 치킨 브랜드가 하나 둘 생겨납니다. 기존의 통닭과 차별화하기 위해 영어를 써서 프라이드치킨이라고 이름을 붙였고, 그렇게 치킨이라는 말이 일반적으로 사용되었습니다. 치킨이라는 단어에는 미국식 먹거리 문화가 도입되었다는 의미가 담겨 있는 셈이죠.

단어 속에서 이런 것을 읽어내는 것이 바로 국어 실력이자, 독해력이라고 할 수 있습니다. 하나의 단어에서 그 궤적을 어디까지 이해하고, 또 사적 깊이를 어디까지 추론해내느냐가 인문학적 소양이자 언어 능력이라고 할 수 있습니다.

어머니들의 학창 시절 국어 시간을 떠올려보세요. 국어 선생님이 단어에 담긴 숨은 의미를 말해주면, 그것을 교과서에 옮겨 적었던 기억이 있을 겁니다.

초등학교에 입학하면 읽기는 물론 독서록 쓰기 등 다양한 독서활동을 하게 됩니다. 이미 여러 번 강조했듯 언어 발달이 활발히 이루어지는 시기이기도 하며, 이런 활동을 통해 언어 발달은 더욱 촉진됩니다.

공부 첫인상이 결정되는 처음 공부 시점에 단어의 의미를 새기는 습관을 들여줘야 합니다. 이 시기에만 조금 노력해서 습관을 잘 들여주면 평생 공부하는 데 든든한 기본기가 되어줄 것입니다.

112

보통은 새로운 단어는 사전을 찾아보며 알아가는 것이라고 설명하지요. 그런데 사전에는 더 어렵고 복잡한 단어로 설명되어 있어, 아이들에게 오히려 부정적인 편견을 심어줄 수 있습니다.

보리 출판사에서 나온 《보리 국어사전》이 그나마 아이들이 이해할 수 있는 수준으로 잘 정리되어 있습니다. 그래도 사전을 찾아보라고 억지로 강요하기보다는 아이가 이해할 수 있도록 어머니의 언어로 설명해주는 것이 좋습니다.

이때 단어의 뜻을 새겨보는 것이 지겨운 공부로 인식되면 오히려 잘못된 언어 습관이 될 수 있습니다. 귀찮은 마음으로 막연하게 단어의 뜻을 알고 넘어가거나, 모르는 단어를 무시하고 그냥 읽는 습관이 생기게 됩니다. 그래서 새로운 단어에 대한 호기심을 자극하고 알아가는 재미를 느끼게 해줘야 합니다.

가장 좋은 방법은 책을 읽으며 모르는 단어가 나올 때 포스트잇에 적게 하는 것입니다. 아이가 적어둔 단어를 집안 곳곳에 붙여두게 하고, 가족들과 함께 이 단어를 사용해보는 것입니다. 이 단어를 사용해서 문장을 만드는 것을 마치 게임처럼 즐기게 하는 것이죠.

그리고 너무 많이 하는 것도 또 너무 어려운 단어를 억지로 알려줄 필요는 없습니다. 아이가 편안하게 받아들이는 수준에서 시작하는 것이 좋습니다. 양도 하루에 평균 2~4개 정도면 충분합니다.

아이의 수준에 맞춰 즐길 수 있는 분위기를 만들어주는 것이 핵심입니다. 단어 공부로 접근하기보다는 모르는 단어를 궁금해하도록 뇌의 스위치를 켜준다는 느낌으로 지도하면 됩니다. 이렇게 하면 보통은 즐거운 마음으로 단어를 받아들이게 됩니다. 단어의 다양한 활용과 의미를 새겨보는 습관을 만들어주는 것이지요.

초등학교 때 말과 글을 세심하게 생각하고 사용하는 습관을 만들어주는 것이, 어떤 공부보다 중요한 '학습 기본기'가 될 것입니다.

# 슬로리딩,
# 15분의 기적을 함께 경험해봐요

초등학교에 입학한 아이들이

몇 년간 읽게 될 책에 대해서 한번 생각해볼까요?

아이가 책을 싫어해서 통 읽지 않으면 만화책이라도 읽었으면 하는 마음이 들고, 책을 좋아하는 경우도 만화책이나 동화책만 읽는다면 좀 더 수준 높은 책을 읽었으면 하는 것이 어머니들 마음이죠. 그래서 고전문학 정도는 읽고 자랐으면 하는 것이 어머니들의 공통적인 바람일 것입니다.

반대로 아이들은 만화책이나 재밌는 책만 읽으려 하고, 그조차도 읽지 않은 경우가 많죠. 그래서 책 읽기는 늘 어머니들의 고민거리가 되곤 하지요.

사정이 이런데 초등학교 저학년 때는 독서가 제일 중요하다고 강조하는 사람들이 많아 더욱 속이 탈 것입니다.

그런데 한번 생각해볼까요?

아이들이 고전문학처럼 좋은 책을 읽지 않는 이유가 뭘까요? 안 읽는 것일까요? 못 읽는 것일까요?

답은 간단합니다. 재미가 없으니까 안 읽는 것이죠. 재미가 없다기보다 책의 재미를 느끼지 못하는 것이지요. 고전문학을 읽어보았다면 알겠지만, 결코 재미없다고 할 수 없습니다. 삶의 깊은 의미를 담고 있어서, 그 의미를 깨닫는 재미를 느낀다면 무엇보다 재밌는 것이 바로 고전입니다.


책이 재밌으려면 내용이 머리에 그려지면서 속도감 있게 읽혀야 합니다. 그런데 이렇게 리듬감 있게 책을 읽으려면 일정 수준의 어휘력이 꼭 필요합니다. 책을 읽을 때 모르는 단어들이 서걱서걱 걸려서 재밌게 읽어내지 못하는 것이지요.

그래서 초등학교 1, 2학년 책 읽기를 시작할 때 제대로 된 독서지도를 해줘야 합니다. 물론 따로 독서지도를 해주지 않아도 혼자 잘 읽는 아이가 있습니다. 그래서 많은 어머니가 다른 아이는 시키지 않아도 잘만 읽는다는데, 왜 우리 아이는 이런가 속상해합니다.

제 경험상 언어지능이 좋은 아이들은 이야기책의 재미를 잘 느끼는 것이 사실입니다. 하지만 이런 아이도 읽기 수준을 키워주지 않으면 만화책만 읽으려 해서 실랑이를 벌이는 경우가 허다합니다. 초등학교에 입학하는 시점부터 1~2년만 조금 노력하면, 누구나 스스로 책을 읽으며 읽기 실력을 키워 갈 것입니다.

읽기 수준을 높여주기 위해 가장 좋은 방법이 슬로리딩입니다. 말 그대로 천천히 읽기인 슬로리딩은 지난 2014년 교육방송 EBS에서 용인 성서초등학교 학생을 대상으로 실시한 수업의 핵심 내용입니다. 다큐멘터리로도 방영되어 큰 반향을 일으키기도 했지요.

다큐멘터리는 박완서의 《그 많던 싱아를 누가 다 먹었을까》를 한 학기 동안 꼼꼼히 읽으며 수업을 진행한 내용을 담고 있습니다. 책을 읽고 작사와 작곡도 하고, 주인공이 살던 시대와 장소를 상상하며 글도 써보는 등 다각적으로 탐구하며 읽는 수업이었습니다.

물론 다큐멘터리에 나온 방식으로 읽기에는 현실적으로 힘든 부분이 있습니다. 책을 읽고 작사와 작곡을 하고, 글을 쓰는 활동은 엄마가 아이와 쉽게 할 수 있는 것이 아니죠.

제가 제안하는 방식은 아이가 읽기에 조금 어려운 수준의 책을 하루 한두 페이지 정도만 천천히 소리 내서 읽는 것입니다. 이때 아이 혼자서 읽기에 조금 부담스러운 책을 고르는 것이 좋습니다.

그림책이나 동화책 읽기로 시작해서 역사책과 위인전으로, 그러다가 고전으로 책의 수준을 높여 가며 슬로리딩을 하는 것입니다. 처음에는 쉽고 재밌는 이야기책부터 시작해서 조금씩 단계를 높여 가야 합니다.

물론 단시간에 이루어지는 일이 아니겠죠?

초등학교 저학년 몇 년에서 길게는 10년 이상 계획하고 준비해야 합니다. 처음에는 재미없을 것 같았던 책이 조금씩 다가오는 과정을 느끼는 것이 슬로리딩의 핵심입니다. 한 권의 책을 탐구한다는 개념이기 때문에 탐구할 정도의 내용을 담고 있는 책을 고르는 것도 중요합니다.

그리고 균형 있는 독서 습관을 위해서 한쪽으로 치우치지 않고 다양한 분야의 좋은 책을 함께 읽는 것이 좋습니다. 그림책과 동화책, 역사책과 위인전, 이야기책과 정보서 등 가능한 다양한 책을 두루 접할 수 있도록 해줬으면 합니다.

또 오랜 시간 많은 사람에게 검증이 된 고전도 중요하지만, 신간 중에서 좋은 책을 골라서 새로운 정보에도 관심을 갖도록 해줬으면 합니다. 아이와 함께 읽은 책을 리스트로 만들어두면 훌륭한 공부 유산이 되어줄 것입니다.

우리 뇌는 한 번에 처리할 수 있는 새로운 정보의 양에 한계가 있습니다. 여러 정보가 동시다발적으로 들어오면 뇌는 피로감을 느낍니

초등 1, 2학년 처음 공부

다. 그래서 정보의 양을 조절해주는 것이 중요합니다.

즉 하루에 한두 장 정도만 읽고 그 안에 들어 있는 정보를 정확히 파악하는 훈련을 꾸준히 해주는 것입니다. 읽는 시간도 15분 정도면 충분합니다.

이렇게 조금씩 읽는 대신 읽다가 모르는 단어가 나오면 메모해두고 사전을 찾아보거나, 평소에 문장을 만들어보며 어휘력을 키우는 훈련도 해야 합니다.

어려운 단어도 찾아보고, 한 문장 한 문장 그 의미를 정확히 파악하며 읽는 일종의 정독 훈련을 하는 것이죠.


15분이 의미하는 것은 무엇일까요?

15분이라는 시간을 활용해서 생활을 바꿀 수 있다는 의미의 책들이 많습니다. 〈세상을 바꾸는 시간, 15분〉이라는 제목의 강연이 있을 정도니까요.

마시멜로 이야기를 기억하나요?

2배의 마시멜로를 얻기 위해서 아이들이 기다렸던 시간도 15분입니다. 만약 기다려야 하는 시간이 15분 이상이었다면 기다리지 못하는 아이들의 수는 훨씬 더 많았을 것입니다. 15분은 사람이 편안하게 인내할 수 있는 시간의 한계치라고 하면 이해가 될까요?

비교적 편안하게 인내할 수 있는 시간의 기준이 바로 15분입니다.

아이들이 쉽게 집중할 수 있는 시간도 15분이지요. 습관을 들여줄 때 가장 좋은 시간도 바로 15분입니다.

15분이라는 시간을 잘 활용하면 근사한 결과를 얻을 수 있습니다. 꾸준한 15분으로 좋은 습관을 만들어준다고 생각하면 될 것 같습니다.

# 아이가 어려워하는 지점을
# 정확히 파악해주세요

언어 능력과 독서 습관이 중요하다는 점은 이제 조금 이해하셨지요?

초등학교에 입학한 이후 1~2년간 언어 능력을 키워주고 독서 습관을 잡아주는 요령도 충분히 설명이 되었으면 합니다. 그럼 이제 학습에 관한 이야기를 해볼까 합니다.

공부를 놀이처럼 즐기게 하려면 무엇이 가장 중요할까요?

초등학교에 입학해서 처음 공부를 시작할 때 공부가 재밌다고 느끼는 순간을 자주 경험하는 것이 무엇보다 중요합니다. 긍정적 학습 경험을 자주 해야 스스로 공부하는 아이로 자라겠지요.

그런데 도대체 어떻게 하면 공부가 재밌다고 느낄까요?

내 아이에게 철저히 맞춰진 학습 설계만 해준다면 누구나 공부를 즐길 수 있습니다. 적당한 학습량과 성취감을 느낄 수 있는 수준의 학습 설계로 공부에 대한 긍정적 경험을 쌓는 것입니다.

물론 초등학교 1, 2학년 처음 공부에 해당되는 사항이라는 점도 짚어두려 합니다. 이 시기를 잘못 보내면 되돌리기가 쉽지 않습니다.

인간은 누구나 자신의 잠재 능력을 발휘하고 싶은 욕망이 있습니다. 때문에 자신의 잠재 능력을 발휘하기 위해 수고로움을 감수할 준비가 되어 있지요. 그런데 부정적인 학습 기억이 쌓이다 보니, 공부라면 덮어 놓고 싫어하는 상황이 되고 마는 것입니다.

그래서 아이가 잠재 능력을 발휘할 수 있는 학습량과 수준을 먼저 이해했으면 합니다. 아이의 발달 상태에 정확히 맞춰진 학습 설계를 이해하기 위해 알려드리고 싶은 이론이 바로 레프 비고츠키의 '근접발달영역'입니다.

근접발달영역만 잘 이해해도 아이가 긍정적인 학습 경험을 쌓고, 발달 과정을 즐길 수 있도록 지도할 수 있습니다.


"오늘은 아동이 타인과의 협력이나 도움을 받아 할 수 있지만, 내일은 독자적으로 할 수 있게 된다."

매개의 최종 단계에 이르기까지 이 정신 과정의 실제 발달 수준과 잠재적

발달 수준 사이에 분명한 거리가 있다. 비고츠키는 이 간극을 근접발달영역
이라 일컬었다.

_ 유리 카르포프, 《교사와 부모를 비고츠키 교육학》

"오늘은 도움을 받아야 하지만 내일은 혼자서 할 수 있는 것, 근접
발달영역은 그 사이에 있습니다."

이해가 되시는지요?

아이들이 공부할 때 어려워하는 지점이 있습니다. 이 지점을 정확
히 발견해서 살짝 힌트를 주어 도와주면, 아이가 스스로 극복하고 발
달하게 되는데 이 지점이 바로 근접발달영역입니다.

즉 아이가 발달을 위해 극복해야 하는 지점을 근접발달영역이라고
설명할 수 있을 것 같습니다. 물론 근접발달영역의 의미를 이해하는
것도 중요하지만, 아이의 근접발달영역을 발견하는 노하우와 학습
상황에 구체적으로 적용하는 것이 더 중요하겠죠.

내 아이의 근접발달영역을 알기 위해서는 우선 아이의 인지 수준을
이해하는 것에서부터 출발해야 합니다. 학습할 때 어떤 점을 어려
워하는지, 혹은 왜 어려워하는지 충분히 관찰해서 정확히 이해
하는 것이 가장 중요합니다. 그런 후 어려워하는 지점을 극복할 수
있도록 학습 설계를 해주는 것이지요.

모든 학습은 이해와 훈련을 과정을 거쳐야 실력이 됩니다. 내용을 이해하고 파악하는 단계가 있고, 반복학습을 통해 훈련하는 과정이 필요하지요. 그래서 어디까지 이해하고 있는지, 어디까지 훈련되어 있는지 관찰해야 근접발달영역을 파악할 수 있습니다.

이해가 부족하면 이해할 수 있도록 도와줘야 하고, 훈련이 부족하면 훈련하는 과정을 잘 겪도록 도와주는 것이지요.

구구단 외우기를 예로 들어볼까요?

아이들은 2단을 외우고 나면, 5개씩 커지는 5단이 더 쉽다고 느껴지는 모양입니다. 3단이 아닌 5단을 먼저 외우곤 하는데 5 곱하기 1은 5, 5 곱하기 2는 10 이렇게 하나둘 차례로 외워갑니다. 그러다가 보통 5 곱하기 7부터 헷갈려 합니다.

이때 근접발달영역은 무엇일까요?

5씩 커진다는 개념을 인지했다면, 이해보다는 외우는 훈련이 덜 된 것이지요. 어려워하는 부분, 즉 5 곱하기 7부터 5 곱하기 10까지만 몇 번씩 반복해서 외우도록 도와주면 금방 5단 외우기를 완성합니다.

이렇게 극복되어야 할 지점을 정확히 발견하는 것, 이것이 근접발달영역 이론의 핵심입니다.

만약 숫자가 5씩 커지는 개념을 이해하지 못한다면, 개념을 이해시켜주는 것이 근접발달영역입니다. 그러면 숫자가 5씩 커지는 개념을 먼저 이해시켜줘야겠죠. 이때는 바둑알을 이용해서 5개씩 커지는 숫

124

자를 눈으로 보며 개념을 파악하도록 도와줘야 합니다.

어떤 학습이든 아이가 힘들어하는 지점은 반드시 있기 마련입니다. 왜 힘들어하는지를 아이의 입장에서 충분히 생각해보면 근접발달영역을 파악할 수 있을 겁니다.


이해가 부족하면 이해 과정을 도와줘야 하는데, 많은 어머니들이 아이에게 설명해주는 것을 힘들어합니다. 한두 번 설명을 해서 이해를 못하면 답답해지고, 버럭 화가 나는 모양입니다. 결국 짜증 섞인 반응을 보이게 되고, 아이는 주눅이 들고 말지요.

불행하게도 이렇게 학습에 대한 부정적인 경험이 쌓이면서 공부를 싫어하게 되고 공부와 멀어지게 됩니다.

어머니들이 꼭 알아야 하는 아동기의 특징이 있습니다. 아동기에는 논리적 사고가 불가능하다는 점입니다. 어른의 입장에서 이해된다고, 아이 입장에서 이해되는 것은 아닙니다.

물론 언어지능과 논리수학지능이 높아서 쉽게 이해하는 아이들이 종종 있습니다. 하나를 알려주면 둘을 안다는 그런 아이들 말입니다.

그러나 이들을 기준으로 생각하면 곤란합니다. 이런 아이들도 완벽하게 이해하는 것이 아니라, 뇌가 본능적으로 기억할 것을 빠르게 인지하는 것입니다. 일종의 학습 효율이 높을 뿐입니다.

아이가 이해하지 못한다고 속을 끓이지 말고, 조금 여유를 가져보세요. 잘 이해하지 못할 때 가장 좋은 방법은 감각하고 경험하는 것입니다. 감각한 것을 사고로 연결시켜주고, 기억하게 해주는 것이 가장 좋습니다. 5단을 외우고 있다면, 바둑알이나 과자로 5개씩 커지는 숫자를 반복적으로 보여주거나, 직접 숫자를 세어보는 것이 감각 혹은 경험이겠죠.

또 아이가 완벽히 이해하지 못해도 상관없습니다. 대충 이해한 상태에서 훈련 과정으로 넘어가도 괜찮습니다. 훈련 과정 중에 이해되는 경우도 많으니까요. 초등학교 저학년의 훈련은 대부분은 외우기이거나 문제풀이입니다. 외우기 같은 경우는 즐겁게 외울 수 있도록 도와주기만 하면 됩니다. 못 외우는 부분을 파악해서 반복연습을 시켜주고, 노랫말이나 게임 방식을 이용해서 즐겁게 외울 수 있도록 해주기만 하면 됩니다.

문제풀이를 할 때도 요령이 있는데, 초등학교 1, 2학년 때는 한 번에 여러 유형의 문제를 풀게 하기보다는 한 번에 한 유형의 문제만 반복해서 풀리는 것이 좋습니다. 같은 유형의 문제를 반복해서 풀다 보면, 답을 찾고 이해하는 과정을 스스로 겪게 되니까요.

이때가 가장 중요합니다. 아이가 그 문제를 편안해할 때까지 반복해서 풀게 하면, 그 문제에 완전히 익숙해지게 됩니다. 이때 몰랐던 내용을 숙지하고, 답을 맞히는 즐거움을 겪으면 공부에 대한 긍정적인 경험이 됩니다.

그리고 간단한 칭찬을 해주면 더욱 효과가 좋습니다. 아동기에 하루 한두 가지 정보를 이런 과정을 통해 발달할 수 있도록 하면, 긍정적인 학습 경험으로 충분합니다.

이렇게 매일 스스로 문제를 극복하고 발달하는 경험을 하고 자란 아이는 자연스럽게 도전하고 성취하는 것을 즐기고, 공부를 즐기는 아이로 자라게 될 것입니다.

TIPS

# 공부가 놀이고,
# 놀이가 공부인 '학습놀이'

## 받아쓰지 않는 받아쓰기

받아쓰기는 학습 효과를 떠나, 공부에 대한 좋은 첫인상을 남기기 위해서 중요합니다. 초등학교에 입학한 후 처음으로 겪는 시험이 바로 받아쓰기라고 할 수 있습니다. 그래서 아이의 자존감에 영향을 미칩니다. 받아쓰기만 100점 맞아도 스스로 공부를 잘한다고 생각하거나, 계속 잘하고 싶어합니다. 받아쓰기 100점 맞고 싶다며 펑펑 울었던 아이도 있었으니까요.

반면 받아쓰기 점수가 낮으면 친구들 사이에서 공부를 잘한다는 인상을 주지 못해 학습 자존감이 떨어집니다. 그래서 가능하면 받아쓰기를 잘할 수 있도록 도와줬으면 합니다.

받아쓰기는 보통 초등학교 1학년 2학기에 시작되는데, 요즘에는 받아쓰기 급수표를 나누어줘서 연습하기가 편해졌습니다. 받아쓰기 급수표를 본 분들도 계실 테지만, 한 학기 동안 받아쓰기 문제로 나오는 문장들을 표로 만들어서 미리 나누어줍니다. 그래서 그 문장만 미리 연습하면 되니까, 저나 어머니들이 받아쓰기를 공부할 때보다는 훨씬 쉬워졌다고 느껴질 겁니다.

그렇다 해도 졸려 하는 아이와 실랑이하며 받아쓰기를 연습하기란 쉬운 일이 아니죠. 그런데 아이들이 받아쓰기 연습을 할 때 가장 싫은 점이 무엇일까요?

글씨 쓰는 것이 힘들어서 싫어하는 아이들이 많습니다. 손에 소근육이 발달하지 않았기 때문에, 연필을 잡고 글씨를 쓰다 보면 손이 아파서 힘들다고 느끼는 것입니다.

그리고 유난히 글씨 쓸 때 손이 아픈 아이가 있습니다. 손이 두툼하고 엄지손가락 아랫부분의 근육이 단단한 아이들은 대체로 그렇습니다. 또 여자아이보다 남자아이들이 소근육 발달이 늦기 때문에 글씨 쓰기를 더 힘들어합니다. 이런 아이들은 글씨를 쓸 때 손을 주물러줘서 근육을 풀어주면 도움이 됩니다.


제가 제안드리는 방법은 최대한 적게 쓰면서 맞춤법을 익히는 받아 쓰지 않는 받아쓰기입니다. 머리로 글자 모양을 그려보며 맞춤법을 익히면 쓰는 양이 줄기 때문에 덜 힘들어합니다. 어릴 때 받아쓰기 연습 어떻게 하셨나요? 무작정 반복하며 써보는 것 외에 별 방법이 없지 않았나요?

그 시절에는 저도 그랬답니다. 그런데 손으로 쓰지 않고 글자 모양을 머리로 기억하게 해보세요. 그러면 훨씬 편안하게 받아쓰기 연습을 할 수 있습니다.

먼저 받아쓰기 급수표에 있는 문장을 소리 내서 읽어보게 합니다. 그렇게 문장을 기억하게 한 후, 글자를 보지 않고 머리로 떠올려보며 말하게 합니다. 예를 들어 "하늘이 파랗습니다."라는 문장을 연습한다면 "하늘 할 때 '하'자는 어떻게 쓰게?" 하며 질문을 하는 것이죠. 아이는 "히읗에 아"라고 대답하겠죠. 이런 방식으로 눈을 감고 글자를 떠올려보게 하는 것입니다.

그런 후 '랗'처럼 받침이 있는 글자나, 아이가 어려워하는 글자만 여러 번 반복해서 연습시키면 됩니다. 그리고 마지막으로 정리해본다는 기분으로 전체 문장을 차근히 써보게 하면, 한 번만 써보고도 충분히 연습이 됩니다.


아이가 틀리게 적은 글자가 있다면 그 글자를 형광펜으로 표시해두고 아이가 주의해서 볼 수 있도록 해주는 것도 효과가 있습니다. 그리고 평소에 불쑥불쑥 물어보세요.

130

밥을 먹다가 불쑥 "'없습니다'에서 '없' 자는 어떻게 쓰게?" 하고 물어보는 것이죠. 혹은 "'없' 자의 받침은?" 이렇게 물어봐 주세요. 그렇게 머릿속으로 글자를 그려보는 연습을 하는 것입니다.

혹시 아이가 글자를 틀리게 기억하고 있으면 빈 종이에 틀린 글자를 크게 적어서 정확히 뜯어 보는 연습을 시켜주는 것도 도움이 됩니다. 글자를 잘 기억할 때는 과하다 싶을 정도로 칭찬을 해줘서 학습 동기를 고취시켜주면 완벽한 엄마표 받아쓰기 연습이 될 것입니다.

모든 학습은 정신적 절차와 심동적 절차로 나눕니다. 정신적 절차가 머리로 이해하는 인지 절차라면, 심동적 절차는 신체로 익숙해지는 동작 단계입니다. 이해 단계와 훈련 단계라고 표현할 수도 있겠네요. 모든 학습은 이 두 단계를 적절히 설계하는 것이 중요합니다.

머리로 이해했다고 해도, 충분히 숙달할 수 있도록 연습해보는 단계가 필요합니다.

보통의 받아쓰기 연습이 꾸역꾸역 쓰기만 시키는 것은 정신적 절차를 생략하고 심동적 절차로만 훈련하는 것입니다. 때문에 손도 아프고 효율이 떨어질 수밖에 없습니다. 받아쓰지 않는 받아쓰기는 정신적 절차를 보강하여 효율을 높이는 방법이라고 생각하면 됩니다.

## 카드로 시작하는 글쓰기, 즐거운 일기 쓰기

아이들이 쓰기를 어떻게 시작할까요?

보통은 학교 숙제인 일기나 독서록 쓰기 등으로 글쓰기를 시작하게 됩니다. 또 학교에서 열리는 다양한 글짓기 대회를 통해 글쓰기 경험이 쌓이게 됩니다. 그러다 논술학원에서 글쓰기를 배우는 것이 일반적인 수순입니다.

그런데 쓸 말이 없는데 글을 만들어내야 하는 상황에 자주 놓이다 보니 억지로 써야 할 때가 많습니다. 또 글을 잘 써야 한다고 강요받거나, 주변의 다른 친구들과 비교를 당하는 상황에 놓이면 글쓰기에 대한 부담감도 커집니다.

뿐만 아닙니다. 상을 받고 싶은 마음에 열심히 썼는데 상을 받지 못하면, 스스로 글을 못 쓴다고 생각해 버리기도 하지요. 결국 글을 쓰는 동기가 제대로 발달하지 못하고, 글쓰기는 막연히 어렵고 재미없다는 편견이 생겨 버립니다.


다행히 글쓰기 대회에서 상을 받거나, 글을 잘 쓴다고 칭찬을 받으면 글쓰기에 대한 긍정적 기억이 쌓이고 글쓰기도 좋아하게 됩니다. 쓰기에 관해서도 처음 인상이 중요하다는 말을 하려는 것을 짐작했는지요?

처음 글쓰기를 배울 때 어렵고 재미없는 것이라는 생각이 들면 쉽게 고쳐지지 않기 때문에, 글쓰기가 편안하고 즐거운 일이라는 기억을 만들어주는 것이 중요합니다.

특히 초등학교 1, 2학년 때 일기를 통해 글쓰기를 시작하는데, 억지로 하는 숙제가 되다 보니 글쓰기가 재미없는 것이 되어 버려 참 안타깝습니다.

글을 쓴다는 것은 자신의 생각을 흔적으로 남기는 일입니다. 그 흔적으로 자신을 돌아보고, 또 다른 사람의 마음으로 다가가는 것이죠. 그래서 솔직하고 진실한 글이 가장 좋은 글이라고 말하는 것입니다.

때문에 자신의 솔직한 감정, 생각, 기억을 그대로 표현해보는 연습이 가장 우선되어야 합니다. 아이의 생각이 성숙해지면 자연스럽게 글도 함께 성숙해집니다. 그리고 다른 사람의 마음으로 좀 더 세련되게 다가가기 위한 레토릭 기술을 마지막으로 연마하면 됩니다.

그래서 아이들에게 처음 글쓰기를 가르칠 때는 입말을 글말로 편하게 옮기는 것부터 시작하는 것이 좋습니다. 평소에 아이들이 하는 말을 편하게 글로 옮길 수 있도록 도와주면 됩니다.

한글을 떼고 글을 쓰기 시작할 때부터 시작하는 것이 좋은데, 이때 카드나 편지지를 잔뜩 사주면 도움이 됩니다. 주변 사람들에게 카드를 쓰면서 전하고 싶은 말을 글로 옮겨보는 것이죠.

쓰기 연습을 카드로 시작하는 것입니다. 편하게 '엄마 사랑해요'부터 '장난감 사줘서 고마워요' 혹은 '오래오래 사세요'와 같은 사소한 표현을 마음껏 써볼 수 있게 해주면 됩니다.

이런 말들을 카드나 편지지에 적으며 자신의 감정을 다른 사람과 나누는 연습을 하게 됩니다. 카드를 이용할 때 좋은 점은 상대의 반응을 바로바로 볼 수 있다는 점입니다. 그래서 기분 좋은 동기가 생기게 됩니다. 좀 과하다 싶은 양의 카드와 편지지를 사주면 언제든 마음껏 카드를 쓰는 습관이 생깁니다. 그러면 일상에서 편하게 쓰고 싶은 말을 카드에 옮겨 적어서, 친구나 가족들에게 전하며 소통하는 즐거움을 느끼게 됩니다.

그리고 초등학교에 들어가면 글쓰기와 관련해서 아이와 가장 많이 실랑이하는 것이 바로 일기 쓰기입니다. 보통 1학년 2학기부터 일기 쓰기가 시작되는데, 처음 쓰는 그림일기는 몇 줄만 짧게 적으면 되니까 큰 어려움은 없습니다.

그러다 그림이 아닌 글로 일기 쓰기가 시작되면 써야 할 양이 많아지면서 힘들어하는 아이들이 많습니다. 일기의 진짜 의미는 퇴색되고, 억지로 칸을 채우는 것에 급급해집니다. 말 그대로 글을 억지로 지어내는 상황에 이릅니다.

일기 쓰기를 힘들어할 때, 아이에게 그냥 말만 하게 하고 어머니가 대신 써주는 방법을 시도해보라고 권해드립니다. 어떻게 써야 할지 주제를 함께 정한 후, 그 내용을 아이가 말로 하게 하고 글자만 대신 써주는 것입니다.

아이가 입으로 한 말을 그대로 글로 옮겨 적고, 그 글을 아이가 소리 내서 읽게 하는 것만으로도 쓰기 연습의 훌륭한 시작이 됩니다.


이때 질문을 통해 아이가 하는 말을 정확하게 짚어주는 것이 좋습니다. 아이가 모호한 문장을 얘기할 때 정확한 글자가 뭔지 물어보는 것입니다. 아이가 '새로운 선생님' 같은 표현을 할 때 "새로 온 선생님이라고 쓸까? 새로운 선생님이라고 할까?" 하고 물으면 됩니다.

어머니들의 입장에서는 더 맞는 문장으로 고쳐주고 싶을 테지만, 굳이 그럴 필요 없습니다. 아이가 써달라고 하는 그대로 써주면 됩니다. 아이들의 머릿속에서 나온 날것의 문장들이 훨씬 훌륭할 때가 많습니다. 굳이 물어보라고 한 이유는 아이에게 한 번 더 생각해볼 수 있는 기회를 주기 위해서입니다.

글자 하나, 단어 하나 세심하게 생각해보는 습관을 만들어주기 위해 이런 연습을 꾸준히 하는 것입니다.


그리고 아이가 말을 이어가지 못할 때는 조금 더 생각해볼 수 있도록 질문을 던져주면 됩니다.

"새로운 선생님이랑 뭐 했어?" "선생님이 너한테 뭐라고 말했어?"

"기분은 어땠어?"

이런 질문을 통해 아이가 생각해보도록 이끌어주고 아이의 대답을 있는 그대로 옮겨 적어주면 됩니다. 혹은 "이름 빙고 게임했다. 이렇게 적을까?" 하고 물어보고 적어주면 됩니다.

이렇게 떠올린 기억들이 모여 훌륭한 글로 탄생합니다. 아이들의 생각을 조정하려 들지 말고, 아이의 생각을 따라 함께 산책한다고 생각해보면 어떨까요?

질문을 통해 천천히 길을 터주는 것이죠. 무엇보다 좋은 글은 한 번에 써지는 것이 아닙니다. 다듬고 또 다듬고, 고치고 또 고치는 지루한 과정을 반복하며 완성도를 높여 가야 좋은 글이 탄생합니다.


그래서 아이들에게 꼭 드려줘야 하는 습관이 있습니다. 일기를 쓰고 나면 일기장을 그냥 덮어 버리는 것이 아니라, 자신이 쓴 글을 소리 내서 읽어보게 하는 것입니다. 소리 내서 읽어보며 틀린 글자가 있으면 고치고, 어색한 표현이 있으면 다시 써보게 해주면 됩니다.

아이들은 보통 글을 다 쓰면 빨리 덮어 버리고 놀고 싶어합니다. 때문에 처음 글쓰기를 할 때 이런 습관을 만들어줘야 합니다. 쓰기를 처음 시작할 때부터 자신이 쓴 글은 한 번 소리 내어 읽어보는 것이 당연하다고 생각하게 하는 것입니다.

엄마가 대신 써준 글을 소리 내서 읽어보며, 글이란 말을 글로 옮

136

긴 것이라고 생각하게 되고, 퇴고하는 과정도 자연스럽게 받아들입니다.

많은 어머니가 초등학교 2학년만 되어도 논술학원을 보내야 하는 것이 아닌가 하고 걱정스럽게 물어보곤 합니다. 그런데 논술학원에서 어려운 글쓰기부터 배운 아이들은 오히려 편하게 자신의 생각을 표현하는 것을 힘들어합니다. 글쓰기 하면 무언가를 만들어내야 한다고 생각하는 것이죠.

그래서 초등학교 고학년 이상이 되어서 아이만의 사고 체계가 생겨난 이후에 논술학원에 보내라고 권해드리고 싶습니다. 그리고 타고난 재능이 있어야 글을 잘 쓰는 것이 아니라, 글을 쓰고 싶은 동기와 처음 습관이 중요하다고 다시 한 번 강조하고 싶습니다.

chapter 3

# 초등 처음 공부가
# 아이의 '평생 성적'을
# 결정합니다

# 공부 의지,
# 어떻게 생겨날까요?

아이가 초등학교 입학을 앞두었거나, 이제 겨우 1, 2학년이라면 좀 먼 이야기처럼 들릴 수도 있지만, 진짜 공부는 중학교에서 시작된다고 생각하면 됩니다.

초등학교에서는 학습을 위한 기본기를 다지는 수준이라면 본격적인 공부는 중학생이 되어서 시작되지요.

그런데 중학생이 되면 학습 동기가 더 중요해집니다. 스스로를 설득할 수 있는 학습 동기가 없으면 학습에 흥미를 잃을 수 있으니까요. 실제로 많은 아이들이 사춘기가 되면 학습에 흥미를 잃고 성적이 떨어진다는 얘기를 들어보았을 것입니다.

초등학교에 비해서 과목도 많아지고 학습량이 급격히 늘어나기 때

140

문에 자칫하면 성적이 떨어지게 됩니다.

인영이는 제가 본 아이 중에 가장 똑똑한 아이입니다. 인영이를 처음 만난 날은 지금도 생생히 기억납니다. 에라토스테네스가 지구 둘레를 재는 내용을 다룬 책을 함께 읽었는데, 해시계와 반지름을 다룬 내용은 솔직히 저도 이해하기 힘들었습니다.

그런데 초등학교 2학년이던 인영이가 척척 이해하고 저에게 설명까지 해줬습니다. 인영이는 별 노력 없이 영재원에 합격해서 영재원을 놀이터처럼 다니는 그런 아이입니다. 그러나 이렇게 똑똑한 아이도 공부가 자신을 행복하게 해줄 거라는 확신이 없으면 공부에 흥미를 잃게 됩니다.

인영이가 중학생이 되었을 때였습니다. 중학생이 되면서 수업을 그만두었기 때문에 인영이를 잠시 잊고 있었지요.

어느 날 인영이 어머니가 걱정스러운 목소리로 전화를 해서 고민을 털어놓았습니다. 인영이가 사춘기인지 통 말을 듣지 않고, 게임에만 빠져 있다는 것이었지요. 중학생이 되니까, 이제 머리가 커져서 야단을 쳐도 소용이 없다며 한참 하소연을 했습니다.

사춘기가 되면 스스로 설득할 수 있는 동기가 없으면 꿈쩍하지 않습니다. 또 중학생이 되면 도파민 분비가 확연히 줄어들기 때문에 강한 자극을 추구합니다. 그래서 더 게임에 몰두하게 되지요.

저는 인영이를 만나서 얘기를 해봤는데, 공부가 귀찮다는 것이 그 이유였습니다. 공부가 자신의 행복을 보장해줄 거라는 확신이 없어 보였습니다. 아무리 열심히 해도 좋은 대학에 갈 수 있을지 확신이 없었고, 무엇보다 좋은 대학에 간다고 해서 자신의 삶이 행복할 수 있을지 의심을 품게 된 것이죠.

사춘기가 되면서 세상의 부정적인 면을 보게 된 것입니다. 저는 인영이에게 공부를 통해 행복할 수 있다는 확신을 줘야만 했습니다.

인영이가 행복을 판단하는 기준은 생각보다 단순합니다. 먹는 것을 좋아하는 인영이는 맛있는 음식을 부담 없이 먹으며 여유를 부릴 수 있는 정도가 충분한 행복의 조건이 되는 아이입니다.

저는 인영이와 몇 년 동안 함께 일기를 썼기 때문에, 아이의 성향을 속속들이 알고 있었죠. 인영이의 일기에서 빠지지 않는 것이 먹는 이야기입니다. 간장게장을 맛있게 먹은 속초 여행은 행복한 여행이었고, 지겨운 과학관도 구슬 아이스크림만 있으면 행복하게 다닐 수 있는 아이였죠.


그래서 제가 인영이에게 제안한 것이 '구글'이었습니다. 구글 구내 식당인 '구글런치'는 미국에서도 맛있기로 유명합니다. 우연히도 저는 인영이를 만나기 직전 미국 여행을 하며 사촌이 일하는 구글에서 점심을 먹을 기회가 있었는데, 인영이가 일하기 참 좋은 곳이라는 생각을 했습니다.

최고의 요리사가 바로바로 만들어주는 메뉴를 무료로 마음껏 먹을 수 있으니, 인영이처럼 먹는 것을 좋아하는 사람이라면 천국이라고 느낄 수 있는 그런 일터였죠.

저는 구글의 식당과 음식 사진을 보여주며 인영이의 욕망을 키워주려 노력했습니다. 열심히 하면 구글에 갈 수 있고, 원하는 삶을 살 수 있음을 일깨워 준 것이지요.

인영이는 정말로 구글에서 일하고 싶어 했습니다. 그래서인지 정말 공부에 대한 태도가 바뀌었습니다. 구글이라는 회사가 아이들이 꿈꿀만한 회사이기도 하고, 인영이의 행복의 기준을 충족해주는 사내 식당이 공부하고 싶은 마음 즉 학습 동기를 불러온 것입니다.

꿈이 생긴 인영이는 확실히 달라졌지요. 게임하는 시간이 줄었고, 무엇보다 예습과 복습을 하며 평소에 공부하는 습관을 들이겠다는 약속을 지키려 노력했습니다.

중학교 공부의 핵심은 예습과 복습입니다. 초등학교에 비해 과목도 많아지고, 내용도 더 어려워지기 때문에 평소에 예습과 복습을 통해 내용을 숙지하는 학습 습관을 들이는 것이 중요합니다.

중학교에서 배운 내용이 다시 고등학교에서 심화되어 나오기 때

문에, 이때 공부하는 내용을 잘 숙지해둬야 고등학교에 가서 편합
니다.

시험 보고 잊어버리는 그런 공부가 아니라, 정보를 자기 것으로 만
들어야 합니다.

# 열심히 해도
# 성적이 오르지 않는 이유,
# 아나요?

그런데 사춘기에 꿈만 있으면 공부를 잘할 수 있을까요?

학습 동기가 분명하고, 예습과 복습만 잘하면 성적이 오를 것 같지만, 안타깝게도 그렇지는 않습니다. 초등학교 때 기본기를 충실히 쌓아 놓지 않으면 열심히 공부해도 쉽게 성적이 오르지 않습니다. 노력한 만큼 성적이 오르지 않으면 좌절하게 되고, 결국 장기적인 학습 패턴을 잡지 못하고 포기하게 되지요.

지인의 소개로 음악방송 PD가 되고 싶다는 중학교 2학년 여자아이를 상담한 일이 있습니다. 꿈을 이루려면 어떻게 해야 할지 함께 고민해주며, 평소 생활에서 고쳐야 할 부분도 알려줬습니다. 평소에 예습과 복습으로 공부하는 요령을 알려줘 생활 습관을 잡아주려고 했죠.

저는 이 친구가 문제집을 풀고 있는 모습을 보면서 조금 놀랐습니다. 정보를 다루는 연습이 전혀 되어 있지 않았거든요. 그냥 대충 읽고 문제를 풀고 있는데, 문제와 지문을 제대로 이해하지 못하는 것을 한눈에 알 수 있었습니다.

몇 개를 틀렸는지 점수에만 관심이 있었고, 틀린 문제는 무작정 외워야 한다고 생각하고 있었습니다. 이렇게 공부하면 하루 종일 공부만 해도 시간이 부족합니다.

이런 상태라면 교과서를 읽고 스스로 예습하는 것은 불가능합니다. 그리고 무엇보다 글을 읽고 이해하는 독해력이 부족하면 노력을 해도 성적이 더디게 오르지요.

공부를 하나, 하지 않나 비슷한 성적이 나올 것이 분명합니다. 그러다 보니 차라리 공부를 하지 않겠다는 심리가 작용하기도 하지요. 다시 말하면 교과서 정도는 스스로 읽고 이해할 수 있는 수준이 초등학교 1, 2학년 때부터 쌓아줘야 하는 기본기의 실체입니다. 그래서 언어 발달의 결정적 시기인 6세부터 10세, 즉 아동기에 적절한 언어 체계를 갖출 수 있도록 지도해야 하는 것이죠.

그리고 흥미로운 점은 초등학교 저학년 때는 무리한 학습을 강요하는 것이 아이에게 스트레스를 주는 것이라면, 고학년 때부터는 그 반대입니다. 하고 싶은데 잘 안 되거나, 노력하는 만큼 성과가 나오지

초등 1, 2학년 처음 공부

않을 때 스트레스 반응을 보입니다. 때문에 초등학교 1, 2학년 때 기본기를 탄탄히 쌓아줘서 고학년부터는 노력한 만큼 결과가 나올 수 있도록 이끌어줘야 합니다.

초등학생 때 쌓아줘야 할 기본기인 '독해력'은 사고력, 판단력, 문제 해결력, 배경지식까지 복합적인 지적 능력과 연결되어 있습니다. 이것들이 학습 전반에 영향을 미칩니다.

독해력 하면 보통 영어를 생각하는데, 사실 모국어 독해력이 더 중요합니다. 그리고 독해력은 탄탄한 언어 체계와 어휘력을 기반으로 한다는 사실은 chapter 2에서 설명이 되었겠지요?

'구체관절인형'을 한번 생각해볼까요?

'구체관절인형' 하면 무엇이 떠오르나요? 우선 인형이 떠오르죠?

각자 보았던 인형의 이미지가 먼저 떠오를 겁니다. 이때 단어와 경험치가 연결되지요. 다음으로 구체관절을 해석하는 단계가 있습니다. 관절은 이해하시죠?

우리 몸에 있는 관절과 같은 것입니다. 그리고 '구체' 즉 동그란 모양의 관절을 의미하지요. 혹시 관절이 원형체로 되어 있어, 360도 회전되는 관절을 가진 인형이라고 생각했나요?

그렇다면 훌륭합니다. 이렇게 단어를 보고 해석해내는 능력이 초등학교 때 쌓아줘야 하는 언어 체계의 핵심입니다.

또 다른 예를 하나 더 들어보겠습니다. '경선, 중선, 직경' 각각의 단어의 의미를 바로 이해할 수 있나요?

이 세 단어는 모두 '지름 경徑' 자와 관련이 있습니다. '지름 경徑' 자만 알고 있어도 각각의 단어를 감각적으로 인지할 수 있습니다. 지름을 이은 선이 '경선'이고, 가운데를 이은 선이 '중선', 곧은 지름은 '직경'입니다. 중학교 이후의 교과 과정에는 이런 어휘들이 혼용되어 출제되기 때문에 어휘 체계가 없으면 이런 단어가 나올 때마다 막막해집니다. 그리고 무작정 외워야 한다고 생각하기 때문에 공부가 어려워지는 것이죠.

언어를 이해하는 사고 체계를 초등학교에서 잘 쌓아두면 효율적으로 공부할 수 있습니다. 그래서 학습 동기만 분명하다면 단기간에 성적을 올릴 수 있지요. 저는 이것이 '공부의 기본기'라고 다시 한 번 강조해두고 싶습니다.

# 공부 기본기,
# 이해되나요?

언어 능력이라고 하면 단순히 말하고 글을 읽고 쓰는 능력 혹은 외국어 능력을 더 많이 생각하는데, 그 이상의 영역이 있습니다. 탄탄한 어휘 체계를 갖춰야 하고, 글의 맥락을 파악하고, 글 속에 담긴 정보들을 읽어내는 독해력과 정보처리 능력이 필요합니다.

물론 초등학교에서는 높은 수준의 어휘력과 독해력이 필요한 학습을 하지 않습니다. 특히 어휘력과 독해력이 학교 성적을 좌지우지하지는 않기 때문에 그 중요성을 인지하지 못합니다.

하지만 이미 말씀드렸듯 중학생만 되어도 사정이 달라집니다. 갑자기 많은 과목을 공부해야 하고, 어휘 수준도 높아지기 때문에 어휘력과 독해력이 탄탄하지 않으면 공부가 어려워집니다.

그런데 중학생이 되어서 기본기를 쌓아주기란 쉽지가 않습니다. 그래서 언어 발달의 결정적 시기인 초등학교 1, 2학년 때 기본기를 탄탄히 쌓을 수 있도록 지도해야 한다고 강조하는 것입니다.

또 정보를 이해하고 처리하는 수준이 떨어지면 공부해도 성적이 잘 오르지 않습니다. 실제로 초등학교에서는 공부 잘하던 아이가 중학생이 되어 갑자기 성적이 떨어졌다는 사례는 많습니다. 그런 경우에 국어 실력을 점검해보라는 조언도 많이 들어보았을 것입니다.

막연히 책을 많이 읽으면 독해력이 키워진다고 생각할 수 있습니다. 그런데 독해, 즉 책을 읽는 행위는 매우 정교한 정신활동입니다. 시각 자극과 어휘력, 상상력, 사고력, 경험치 등 다양한 영역이 동원되어 이루어지는 두뇌활동입니다.

또 독해력은 사고력과 통찰력으로 연결되기 때문에 전반적인 인지 능력과 학습 능력에도 영향을 미칩니다. 그리고 무조건 책을 많이 읽으면 독해력이 좋아진다고 장담할 수도 없습니다. 엄청난 독서량에도 불구하고, 책의 핵심을 제대로 파악하지 못한 채 난독을 하는 아이도 있으니까요. 그래서 전략적인 독서활동과 독서지도가 필요합니다.

독해력은 국어 과목뿐만 아니라 사회, 과학, 수학, 영어 성적까지 영향을 미칩니다. 영어는 의외라고 생각할 분들도 있겠지만, 영

초등 1, 2학년 처음 공부

어도 마찬가지입니다. 언어만 다를 뿐 문장을 이해하고 해석하려면, 결국 모국어 능력이 중요합니다.

과학이나 수학도 마찬가지입니다. 과학이나 수학적 사고력이 중요할 것 같지만, 글로 표현된 정보를 이해하려면 역시 독해 능력이 필요합니다. 세상의 모든 공부는 어휘를 다루고, 문장을 이해하는 능력에 의해 결정된다고 해도 과언이 아닌 것 같습니다.

쉽게 읽을 수 있는 동화책과 만화책부터 어려운 전문서적까지 책의 수준도 다양합니다. 이렇게 다양한 책 중에 독해력의 기준을 어디에 둬야 할까요?

저는 교과서를 스스로 읽어낼 수 있는 수준을 기준으로 아이를 지도하라고 조언드립니다. 중학교에 가면 갑자기 과목이 많아지기 때문에 공부할 시간이 절대적으로 부족합니다. 그래서 평소에 예습과 복습을 하면서 효율적으로 공부하는 습관을 들여야 합니다.

예습으로 교과서를 한 번 읽어보고, 학교 수업을 들으며 내용을 이해하고, 잘 이해하지 못한 부분은 복습하는 공부 패턴을 만들어주는 것이지요. 그러려면 교과서를 미리 읽어보며 내용을 짐작해볼 수 있는 정도의 독해력이 필요합니다.

그럼 교과서를 이해할 수 있는 수준의 독해력은 어떻게 쌓아줘야 할까요?

중학교 교과서를 한 번 읽어봐 줬으면 합니다. 어휘력이 일정 수준 이상 되어야 읽어낼 수 있는 내용일 겁니다. 교과서에서 다루는 고급 어휘들은 대부분 한자어이기 때문에 한자어를 제대로 이해할 수 있어야 합니다. 어려운 책은 내용이 어려울 수도 있지만, 어휘 때문에 어렵게 느껴지는 경우가 많습니다. 그래서 독해력의 핵심이 어휘력이라고 강조하는 것입니다.

앞에서 말씀드린 지름, 경선, 중선, 직경 같은 경우가 대표적인 경우이죠. 이런 한자어를 어려워하면 공부가 막연히 어렵다고 느껴집니다. 또 공부하려고 마음먹고도 이런 단어들의 뜻을 찾고 외우느라 시간을 허비하게 되죠.

이런 어휘들을 바로바로 이해될 수 있을 정도의 수준을 갖추려면 초등학교 때 한자 공부를 해둬야 합니다. 한자 그 자체를 읽고 쓰는 것도 필요하지만, 한자의 음과 뜻을 많이 기억하는 것이 무엇보다 중요합니다.

그럼 이제 초등학교 1, 2학년 때 한자 공부를 어떻게 하는 것이 좋을지? 그리고 한자 공부와 독해력을 이어주는 학습 비법을 알아볼까요?

초등 1, 2학년 처음 공부

# 한자가
# 학교 공부에 이렇게
# 쓸모 있을 줄이야!

우리나라는 한자 문화권에 있기 때문에 한자어를 생각보다 많이 사용하고 있습니다. 아이들이 어려워하는 어휘들은 대부분 한자어라고 생각해도 됩니다. 때문에 초등학교 때 한자 공부를 제대로 해두면 한자어의 의미를 새겨보는 습관이 생깁니다.

초등학교에 들어가면 한자 공부를 어떻게 할까요?

보통 가장 많이 하는 방법이 한자능력시험을 준비하는 것입니다. 그런데 시험을 준비하면서 한자를 외우다 보니, 시험이 끝나고 나면 한자를 잊어버리고 활용하지 못하는 경우가 대부분입니다.

그래서 제가 제안하는 방식은 한자의 음과 뜻을 최대한 많이 외우며 한자어에 익숙해지는 것입니다. 한자의 음과 뜻만 많이 알고 있어도 모르는 단어를 문맥상 이해하거나, 추론할 수 있는 자신만의 기술이 생깁니다.

그런데 초등학교 5~6학년만 되어도 이런 학습을 복잡해하고 힘들어합니다. 하지만 언어 능력이 발달하는 초등학교 1, 2학년 때는 살짝 자극만 해주면 한자어의 의미를 혼자서 새겨보는 습관이 생깁니다.

한자 쓰기까지는 아니라도 기본적인 한자의 음과 뜻에 익숙해지도록 외우는 것이, 이제 소개해드릴 '천자문 어휘력 프로그램'의 핵심입니다.

요즘에는 만화책 《마법천자문》 때문에 아이들도 천자문에 친근하고 익숙해합니다. 또 노래로 만들어진 음원을 잘 이용하면 따라 부르며 쉽게 외울 수도 있어 음과 뜻을 기억하는 데 효과적입니다.

중국 양나라 때 천자문을 엮어냈으니 1300년 이상 이어져 온 셈이죠. 어떻게 보면 너무 낡았다고 느끼실 수도 있지만, 반대로 생각하면 가장 오랜 기간 검증한 학습 프로그램이기도 합니다.

초등학교 1, 2학년 아이에게 천자문을 가르칠 때 한 주에 4개의 글자만 가르쳐도 충분합니다. 특히 처음 시작할 때는 부담 없이 외우도록 해주는 것이 좋습니다. 하지만 1~2년 꾸준히 공부할 수 있도록 이끌어주는 것은 매우 중요합니다.

일주일 동안 '천지현황天地玄黃' 4개 글자의 음과 뜻을 외우면 됩니다. '하늘 천, 땅 지, 검을 현, 누를 황' 이렇게 4개의 음과 뜻만 외우게 하면 됩니다. 그리고 각 글자가 들어간 한자어들을 알려주면 되지요.

천국, 천하, 천하장사, 천당, 천사 등 다양한 한자어가 하늘 '천天' 자와 관련된 어휘임을 자각하게 하는 것이죠. 하늘 '천天'과 나라 '국國'이 쓰이는 '천국'은 하늘에 있는 나라며, '천하'는 하늘 아래를 의미한다는 것을 깨닫게 하기 위해서입니다. 이런 공부를 통해 한자어를 스스로 추론할 수 있는 능력이 키워집니다.

그리고 4자씩 구성된 천자문은 그 자체로 완성된 구조를 가지고 있어 이미지로 연상하기에도 좋습니다.

예를 들어 '천지현황天地玄黃'은 '하늘은 검고, 땅은 노랗다'라는 완성된 의미를 품고 있으며, 한 장의 그림으로 의미를 표현할 수 있습니다.

이렇게 한자의 의미를 그림으로 그려서 연상하고, 관련 한자어까지 연결시켜보는 연습을 꾸준히 시키면 한자어를 이해하는 능력이 자랍니다.

무엇보다 천자문 송으로 노래하며 자연스럽게 암기할 수 있는 점이 가장 큰 장점이지요. 초등학교 1학년 때는 무리하게 많이 외우게 할 필요도 없습니다. '천지현황'에서 '추수동장'까지 총 24개 글자의 음과 뜻만 노래하듯 외우게만 해도 충분합니다.

아이들이 6주 동안 24개 한자의 음과 뜻을 외우고 관련 한자어들을 공부하고 나면, 한자능력시험 8급에 해당하는 50개 기본 한자를 공부시키면 됩니다.

이때 아이들은 어려운 글자들을 먼저 공부했기 때문에 기본 한자는 쉽게 받아들입니다. 50개 한자도 무작정 외우게 하는 것이 아니라 월화수목금토일, 숫자, 대중소, 동서남북처럼 의미별로 엮어서 외우기 쉽게 해줘야 합니다. 초등학교 1학년 때는 이 정도면 충분합니다.

만약 아이가 어려워한다면 천자문 노래만 외우게 한 후 잠시 멈춰도 됩니다. 초등학교 2학년 때 한자능력시험 7급에 해당하는 150개 기본 한자까지 공부하고 나면, 다시 나머지 천자문을 외우게 합니다.


한자로 어휘를 공부할 때, 쓰기는 크게 강조하지 않아도 됩니다. 한자를 읽어야 할 경우는 종종 있지만, 한자를 쓸 일은 거의 없으니까요. 쓰기가 어려워서 한자에 흥미를 잃게 되는 경우가 많기 때문에 굳이 한자 쓰기를 강조해서 도움될 것이 없습니다.

그래도 손으로 몇 번씩 써보는 과정은 필요합니다. 학습에는 정신적 절차와 심동적 절차를 거쳐야 하기 때문에 한자도 써봐야 익숙해집니다.

이때 글자를 쪼개서 쓰도록 하면 도움이 됩니다. 예를 들어 밝을 명明 자라면 날 일日과 달 월月을 쪼개서 써보게 합니다. 날 일 자를 먼저 하나, 둘, 셋, 넷 하며 쓰고 다시 달 월 자를 하나, 둘, 셋, 넷 하며 쓰게 하는 것이지요.

처음에는 아이의 손을 잡고 같이 써주며 안내해줘도 좋습니다. 그리고 이렇게 몇 번 써보는 수준에 그쳐도 상관없습니다. 쓰기보다는 음과 뜻을 새겨보고 많이 외우는 것이 어휘력에 있어서는 더 중요하기 때문입니다.

한자 쓰기보다 중요한 것이 한자 읽기입니다. 한자를 보고 읽을 수는 있어야 하니까요. 그러기 위해 유용한 것이 바로 한자 카드입니다. 4개의 한자를 아이가 스스로 종이에 옮겨 적어서 한자 카드를 만들게 합니다. 그런 다음 자기가 쓴 글자를 보고 음과 뜻을 맞추게 하는데, 여러 번 반복하면서 기억하게 해주면 됩니다. 그리고 이때 게임처럼 좀 재밌게 해주면 즐기면서 공부할 수 있습니다.

보통 6개월 이상 가르쳐야 한자어의 의미를 깨닫고 사용하게 됩니다. 아이가 길을 걸어가다 차가 다니는 길 '차도', 사람이 다니는 길 '인도' 하며 뭔가 깨달은 듯 이야기를 한다면, 한자어의 의미를 스스로 생각해보기 시작했다는 신호입니다.

한자어의 의미를 생각하며 사용하는 습관은 노력하지 않으면 절대 생기지 않습니다. 평소에 아이와 즐겁게 단어의 뜻을 새겨보고, 아이 스스로 그 의미를 알아가는 과정이 즐거워야 습관이 됩니다.

꼭 강조하고 싶은 것은 언어 체계가 생기는 초등학교 1, 2학년 시기를 놓치면 안 된다는 사실입니다. 꼭 이때 해야 하는 학습이니, 이 시기에 좋은 습관을 만들어주기 바랍니다.

# 두족류,
# 상상이 되나요?

한자를 어느 정도 익히고 나면 평소에 한자어가 많이 있는 책을 읽으며 한자어를 해석하는 연습을 해야 합니다. 한자어를 연습해보기에 제일 좋은 책으로 《생명의 역사》를 추천합니다. 천자문을 6개월 정도 공부한 후에 이 책을 읽으면 적당합니다.

그래도 초등학교 1학년 2학기 때 한자 공부를 시작하고, 2학년이 되면서 이 책을 읽어도 좋을 것 같습니다.

버지니아 리 버튼이 쓴 이 그림책은 1960년대에 출간된 일종의 고전입니다. 우리나라에는 1990년대에 번역되었고 초등학교 필독서로 지정된 책이기도 합니다. 사실 이 책은 어려운 어휘들이 너무 많이 사용되고 있어, 초등학생이 읽기에 힘들 수 있습니다.

두족류, 지의류 같은 단어는 기본이고 속새류, 석송류, 구과식물처럼 어른들도 어려워하는 한자어들이 수두룩합니다. 하지만 그래서 한자어를 공부하기에 더없이 좋은 책이기도 합니다.

아이들과 《생명의 역사》를 읽을 때 한 번에 읽지 않고, 하루에 한 페이지 정도만 꼼꼼히 읽으면 됩니다. 어려운 어휘가 많긴 하지만, 한 페이지에 한두 개 정도의 한자어가 있어서 오히려 더 꼼꼼히 살펴보고 생각해볼 수 있어 좋습니다.

'화성암'을 다루는 페이지에서 '불 화火', '이룰 성成', '돌 암巖' 이렇게 한자를 음과 뜻을 살펴본 후 한자어의 의미를 새겨보는 것입니다.


'두족류'가 무엇인지 상상이 되시나요?

'머리 두頭'와 '발 족足' 자를 사용해서 머리에 발이 달린 동물을 의미합니다. 머리에 발이 달린 동물이 뭘까요?

혹시 오징어나 문어를 떠올렸다면 맞습니다. 아이와 함께 이 페이지를 읽을 때 "두족류가 뭘까? '머리 두頭'에 '발 족足', 머리에 다리가 달린 동물?" 이렇게 아이에게 질문을 던지면 됩니다. 그러면 아이는 머리에 다리가 달린 동물을 상상해보겠지요.

물론 아이들이 두족류를 스스로 떠올리지는 못할 것입니다. 하지만 아이가 스스로 생각해볼 시간을 준 후, 오징어나 문어 사진을 보여주며 머리에 발인 달린 두족류를 생각해보게 하면 됩니다. 그렇게 두족

초등 1, 2학년 처음 공부

류가 오징어나 문어를 의미한다는 사실을 깨닫게 됩니다.

지의류도 마찬가지입니다. "지의류? 땅 지地, 옷 의衣, 땅의 옷이 되는 것?" "땅의 옷? 산? 땅의 옷? 아 이끼!" 이렇게 질문을 하고, 아이들로 하여금 이미지를 떠올려보게 하면 됩니다. 컴퓨터로 이끼 사진을 찾아보고 땅이 입은 옷을 상상해보게 해도 좋습니다.

이런 방법으로 화성암, 변성암, 수성암이 세상에 태어난 과정을 이해하고 이미지로 그려보며 한자어에 익숙해지게 합니다.


그런데 학교에서 공부도 곧잘 하고 책도 꽤 읽은 초등학교 5학년 아이와 이제 겨우 6개월 한자 공부를 한 초등학교 2학년 아이 중에서 《생명의 역사》의 어려운 어휘들을 더 적극적으로 공부하는 아이는 누구일까요?

의외라고 생각하겠지만, 2학년 아이에게 훨씬 효과가 좋습니다. 언어 발달이 이루어지는 시기라서 어휘를 받아들이는 방식을 알려주면 그대로 받아들입니다. 어려운 글자나, 쉬운 글자나 그냥 새로운 글자로 받아들이죠.

반면 고학년이 되면 언어를 이해하는 자기만의 방식이 만들어졌기 때문에 모르는 글자는 어렵고 싫은 것으로 인지합니다. 그래서 저학년 시기에 제대로 된 언어 학습을 해야 한다고 강조하는 것입니다.

《생명의 역사》를 교재로 선택한 것에는 단순히 한자어가 많아서만은 아닙니다. 지구에 생명이 태어나 발달하는 과정을 상세하게 다룬 내용 자체가 매우 훌륭합니다. 오랫동안 읽히며 고전이 된 책에는 분명 그럴만한 가치가 있습니다.

초등학생 때 이 책의 내용을 꼼꼼히 읽으며 이해하면 고등학교까지 과학에 흥미를 이어갈 수 있고, 어려운 과학 용어에도 익숙하게 됩니다.

이 책에서 공부하게 될 화성암, 변성암, 수성암을 한번 생각해볼까요?

그냥 용암이 식어서 만들어진 돌이라고 하면 아이들은 제대로 이해하지 못합니다. 아는 만큼 보인다는 말이 있죠. 반대로 보이는 만큼 알게 되기도 합니다. 이런 의미에서 현무암을 자주 보고 자란 제주도 아이들이 현무암만큼은 가장 잘 알겠죠?

무엇이든 실물로 보여주는 것이 가장 좋은데, 만약 실물이 없으면 사진을 찾아서 보여주면 됩니다. 실물이나 사진을 보고 마그마가 서서히 굳어서 화성암이 되는 모습을 상상하게 합니다.

이때 현무암과 비교하며 그 차이를 눈으로 확인하고 용암이 식어가는 과정도 이해하게 됩니다. 용암이 바닷물에 갑자기 식어서 하얀 연기를 내뿜으며 까만 현무암이 만들어지는 모습을 상상해보는 거죠. 가스가 빠져나오며 생기는 구멍을 실제로 보게 되면 훨씬 실감나는

162

과학적 상상이 가능하겠지요?

아이들이 때론 먼저 질문을 하기도 합니다.

"마그마랑 용암이랑 같은 거예요?"

마그마와 용암에도 흥미로운 이야기가 담겨 있습니다. 똑같은 성분의 물질인데 땅속에 갇혀 있으면 마그마라고 하고, 밖으로 분출된 것은 용암이라고 합니다. 용암은 영어로 'Lava'라고 하며, 한자어로 용암이죠. 하지만 마그마는 영어 표현밖에 없습니다. 왜 마그마에는 따로 한자어가 없을까요?

고대 아시아에서는 화산에서 분출되어 눈에 보이는 용암에는 이름을 붙여줬고, 보이지 않는 마그마에는 이름을 지어주지 못한 것이 아닐까 추정해봤습니다. 아이가 스스로 질문을 구하고 추론해보며 결론을 도출해낸 것이죠.

이런 과정은 독해력을 키워줄 뿐 아니라, 과학적 사고력을 키워주는 훌륭한 방법이기도 합니다.

《생명의 역사》는 몇 달 동안 천천히 읽으며 과학적 상상력도 함께 키울 수 있습니다. 이렇게 과학 지식도 키우고, 한자어도 연습해볼 수 있으니 꼭 활용해보길 추천합니다.

# 독해력과 질문 연습, 《바구니 달》이 제격입니다

'다기망양多岐亡羊'이라는
사자성어가 있습니다. 도망
간 양을 쫓아가던 제자가 갈림길에서 양을 잃어버린 이야기를 통해,
학문하는 자세를 알려주는 사자성어입니다. 학문하는 데 있어 방향
이 많으면 제대로 닦을 수 없다는 의미이지요. 본질은 하나이고 진리
는 모두 통하므로, 한 길을 깊게 파야 진리를 깨닫게 된다는 철학을
담고 있습니다.

책 읽기도 마찬가지입니다. 무조건 많이 읽는 것이 좋다고 생각할
수도 있지만, 어느 수준에 이르면 꼭 필요한 책을 꼼꼼히 읽으며 의
미를 새기는 것이 중요해집니다.

초등 1, 2학년 처음 공부

그래서 초등학교 저학년 때부터 좋은 책을 정독하는 훈련을 조금씩 시켜주는 것이 좋습니다. 물론 중·고등학생이 되어서야 책의 의미를 파악하고 읽을 수 있는 진정한 의미의 독서가 가능해집니다. 그때를 위해 조금씩 대비한다는 의미로 접근하면 됩니다.

정독은 이미 언급했던 슬로리딩 개념과도 연결됩니다. 말 그대로 천천히 읽기인데, 자유학기제 한 학기 동안 한 권의 책을 꼼꼼히 읽으며 수업을 진행하는 학교도 늘어나고 있습니다.

책을 읽고 작사와 작곡도 하고, 주인공이 살던 시대와 장소를 상상하며 글도 써보는 등 다각적으로 탐구하는 과정을 겪게 해주는 것입니다. 이런 과정을 통해 책이 활자에 머무르지 않고 아이의 삶으로 접근하게 됩니다.

초등학교 저학년 시기에 천천히 읽으며 독해력을 키우고, 정보처리를 훈련하는 데 가장 좋은 책으로 《바구니 달》이라는 그림책을 소개합니다. 칼데콧 상을 2번이나 수상한 바버러 쿠니가 그림을 그리고, 메리 린 레이가 글을 쓴 작품입니다.

바버러 쿠니의 다른 책들에 비해 특별히 유명하진 않지만, 천천히 읽으며 독해력을 키워주기에 더없이 좋은 책입니다. 특히 페이지마다 다양한 방식으로 정보를 다루고 있기 때문에, 책을 읽고 정보를 처리하는 다양한 방식을 연습하기에 좋습니다.

이 책은 보름달이 뜨면, 달빛을 조명 삼아 바구니를 팔러 도시로 나가는 아버지와 아들의 이야기를 다루고 있습니다. 바구니를 만들어 생활하는 산골 마을의 가난한 사람들 이야기이지요.

아버지의 밤길을 비춰줄 보름달을 바라보며 기도하는 착한 아들이 아버지와 동행하며 상처를 입게 되고, 그 상처를 극복하며 성장하는 일종의 성장소설입니다.

그런데 책 제목이 왜 《바구니 달》일까요? 바구니 달은 어떤 모양일까요?

책을 읽기 전에 아이에게 표지를 보여주며 "왜 제목이 바구니 달일까?" 하고 먼저 질문을 던져보세요. 좋은 질문을 많이 던질 수 있는 책이 좋은 책이라고 생각하는데, 이 책은 그런 의미에서 매우 훌륭합니다.

'바구니 달'이라는 단어를 통해 아이의 뇌는 작동하기 시작합니다. 바구니와 달, 그 사이의 관련성을 사고해보는 것이죠. 그리고 아이의 인지 체계 내에 있는 바구니와 달의 의미를 다양하게 떠올려보게 됩니다.

궁극적으로는 달의 모양이 날짜에 따라 조금씩 바뀐다는 사실을 인지하게 됩니다. 초승달이라고 대답한 아이는 바구니 손잡이를 떠올린 것이고, 보름달이라고 대답한 아이는 둥근 바구니 모양을 떠올렸을 겁니다.

그런 다음, 본문을 소리 내서 읽게 해주세요.

> 우린 둥근 보름달을 바구니 달이라고 해요. 이맘때가 되면 아버지가 바구니
> 를 팔러 허드슨에 가시거든요. 달이 완전히 둥글어질 때까지 아버지는 허드
> 슨에 갖다 팔 바구니를 짭니다. 그러다 보름달이 뜨면 집을 나서지요.
>
> _ 바버러 쿠니, 《바구니 달》

아버지는 왜 보름달이 뜨면 집을 나설까요?

보름달이 가장 밝은 달이기 때문이겠죠. 산골에 사는 사람들은 달
리 조명이 없기 때문에 달빛을 조명 삼아 산길을 다닙니다. 단 한 페
이지를 읽지만, 자연과 관계를 맺고 살아가는 산골 마을 사람들
의 삶을 아이 스스로 그려보고 상상할 수 있게 됩니다.

그리고 다른 날 다음 페이지를 읽으며 이것을 더욱 심화시킬 수 있
습니다. 곡식이나 야채, 과일을 심을 수가 없는 고산지대에 사는 사
람들은 쉽게 구할 수 있는 나무껍질로 바구니를 만들고, 그것으로 식
량을 교환하여 살아가고 있습니다.

> 우리가 살고 있는 고산지대는 가난한 곳이에요. 곡식이나 야채, 과일 같은
> 걸 심을 수가 없거든요. 그런데 바구니 짜는 나무만큼은 많이 자라요. 검은

물푸레나무, 하얀 참나무, 히커리나무, 단풍나무 …… 바구니 짜는 데는 검은 물푸레나무가 가장 좋지요. 난 물푸레 나뭇잎이랑 단풍나무, 소나무, 참나무 이파리들이 어떻게 다른지도 구별할 줄 안답니다.

_ 바버러 쿠니, 《바구니 달》

산골 마을 사람들의 삶을 엿볼 수 있지만, 여기서는 또 다른 방식의 정보처리가 가능합니다. 물푸레 나뭇잎과 단풍나무, 소나무, 참나무 이파리를 어떻게 구별할까요?

소리 내서 이 페이지를 읽고 나면, 아이와 함께 나뭇잎 사진을 찾아보거나, 실제 나뭇잎을 뜯어와 관찰해보세요. 나뭇잎은 줄기에서 연결되는 부분을 중심으로 잎맥이 어떻게 뻗어 있는지에 따라 모양이 달라집니다.

은행잎은 부채꼴 모양으로 잎맥이 뻗어 있고, 단풍나무는 손바닥 모양으로 잎맥이 뻗어 있습니다. 그 잎맥을 둘러싸고 있는 잎몸의 모양이 이파리의 모양이 됩니다.

아이와 함께 다양한 모양의 이파리를 관찰하는 것만으로 훌륭한 경험이 될 것입니다. 이렇게 책을 읽으며 관련된 경험을 함께한다면 책이 활자로 머무르지 않고, 아이의 삶으로 접근하는 순간을 맛볼 수 있을 것입니다.

아버지는 맨 처음에 나무 쪽대를 해처럼 둥글게 엮어서 바구니 바닥을 만들어요. 그리고 옆을 엮어 올릴 날대용으로 나무 쪽대를 구부리지요. 그런 다음에 바구니를 짜기 시작합니다.

나무 쪽대를 날대 밑으로 넣었다가 위로 올리는 거예요. 다시 밑으로 넣고, 위로 올리고 …… 계속 짜서 마침내 우묵한 사발 모양이 되면 두꺼운 나무 쪽대를 골라 테를 두릅니다. 거기다 나무토막 하나를 방망이로 두들겨서 부드럽게 굽힌 손잡이를 달지요. 마지막으로 튀어나온 쪽대 꼬리들을 깎아 내면서 다듬고, 남은 쪽대로는 바구니 둘레를 단단하게 묶는답니다.

_ 바버러 쿠니, 《바구니 달》

이 페이지에서는 설명문을 이해하는 독해를 할 수 있습니다. 이 글을 읽고 바구니 만드는 과정을 한번 떠올려보게 해보세요. 사실 이런 설명문은 아이들이 읽고 그대로 이해하는 데 어려움을 많이 겪습니다.

흔히 쪽대와 날대의 의미를 이해하지 못해 어려워하는 경우가 많지요. 바구니를 실제로 만들어보며 쪽대와 날대의 개념을 이해시켜주면 훌륭한 경험이 될 것입니다.

바구니를 만들어보며 글을 차곡차곡 다시 읽어보게 하는 것이 가장 좋습니다. 이 경험을 통해 가로와 세로의 의미나 씨실과 날실의 의미도 깨닫게 됩니다. 우리가 입고 있는 옷의 옷감도 이렇게 만들어진다고 설명해주면 아이들은 신기해하며 작은 것에도 관심을 갖게 됩니다. 이때 돋보기를 쥐여줘 관찰하게 해주면 더욱 좋습니다.

> 우리는 젠센 씨네 만물상부터 들렀어요. 선반에는 프라이팬과 들통, 난로 연통, 그림이 그려진 평평한 접시에다 톱날, 주전자, 눈 올 때 신는 신, 석유 등잔, 물고기 잡는 그물, 사냥 조끼, 주머니칼, 털모자, 갈퀴, 오지항아리까 지 없는 게 없었어요.
>
> _ 바버러 쿠니, 《바구니 달》

이제 암기하는 연습을 할 수 있습니다. 아이가 소리 내서 읽으면 책을 덮고 문제를 냅니다.

"주인공은 어디로 갔나요?"

기억력이 좋은 아이들은 "젠센 씨네 만물상!" 하고 정확히 대답합니다. 그리고 "만물상의 선반에는 무엇이 있나요?" 하고 질문을 하면 암기하는 훈련을 할 수 있습니다.

우리 뇌는 관련 있는 것을 몇 개씩 엮어서 암기하거나, 이미지 화하여 쉽게 외우는 방식을 사용합니다.

위 문단에서는 눈 올 때 신는 신, 사냥 조끼와, 털모자를 의류로 엮어서 함께 기억할 수 있습니다. 또 프라이팬, 주전자, 그림이 그려진 평평한 접시, 오지항아리는 주방도구로 엮어서 기억할 수 있습니다.

170

그리고 난로 연통, 톱날, 석유 등잔, 물고기 잡는 그물, 갈퀴 등은 철물 정도로 기억할 수 있을 것 같습니다.

아이가 암기를 힘들어하면 이것을 각각 엮어서 그림을 그려보게 한 후 기억한 것을 떠올려보게 해보세요. 이렇게 관련 있는 것끼리 엮으면 암기가 쉬워진다는 것을 아이 스스로 깨닫게 해줍니다.

그리고 어휘들이 익숙하지 않을 수 있는데, 그림으로 그리고 반복해서 얘기하다 보면 익숙해지고 암기하기도 편해집니다.

> 난 나무 조각들과 나무토막들 사이에서 가늘고 기다란 나무 쪽대를 집어 들었습니다. 그리고는 아버지가 바구니 바닥을 짜기 시작할 때보다 조금 작은 해 모양을 만들었어요. 그런 다음 바구니를 짜기 시작했어요. 위로 올리고, 밑으로 넣고, 위로 올리고, 밑으로 넣고 …… 그때까지도 바람의 말은 들리지 않았어요.
>
> _ 바버러 쿠니, 《바구니 달》

이제는 추론하기를 해볼 수 있습니다. 주인공은 왜 바구니를 짜기 시작했을까요?

이 책에서 이 마지막 부분은 주인공이 자신의 삶을 받아들이고, 상처를 치유하며 성장하는 과정을 그리고 있습니다. 바구니를 짜는 행위는 아이들 나름의 해석이 가능합니다.

여기에 굳이 정답이 있는 것은 아닙니다. 주인공의 마음에 다가가보기 위해 조금 더 세심해지는 것만으로도 충분합니다. 이런 생각을 해보는 과정 그 자체만으로도 충분한 의미가 있습니다.

책을 읽고 이렇게 질문하고 대답하는 과정이 즐거우면, 아이들은 시키지 않아도 책을 읽으며 질문을 던지게 됩니다.

몇 권의 책을 이런 방식으로 읽고 나면 아이가 오히려 책을 읽어주고 이런저런 질문을 던질지도 모릅니다. 서로 문제를 내고 맞춰보기도 하며 즐겁게 책을 읽다 보면 어느덧 독해력이 자라게 되고, 아이가 성장할수록 질문의 수준도 함께 성숙해질 것입니다.

그리고 아이에게 쉽게 답을 알려주기보다는 스스로 생각하게 하는 것이 좋습니다. 어차피 정답은 없기 때문에 충분히 생각할 시간을 주는 것이 좋습니다. 그리고 책으로 겪는 간접경험을 실제 경험과 연결시켜주는 것 그것이 핵심입니다.

# 영화 보듯
# 책을 즐기게 읽는 비법

예전에 책 읽기를 좋아하는 사람들을 찾아다니며 인터뷰한 적이 있습니다. 책 읽기를 즐기는 사람들 사이에 어떤 공통점이 있을지 궁금했거든요. 그리고 아이들을 가르치는데 이것을 접목할 방법이 없을까 궁리도 해봤습니다.

책 읽기를 좋아하는 사람들 사이에서 발견된 공통점은 몇 가지 있습니다. 그중에서 뚜렷한 한 가지가 바로 읽는 속도입니다. 책이 재밌다고 느끼려면 속도감 있게 읽어내야 합니다. 속도감 있게 읽으며 이야기를 머릿속으로 상상하면서 재미를 느끼는 것이지요.

그러려면 머리로 장면을 그려내는 능력이 필요합니다. 일종의 활자를 그림으로 그려내는 능력이라고 할 수 있을 것 같습니다.

이런 훈련이 되면 자신도 모르게 책에 빠져들게 되고, 책을 읽는 자기만의 흐름을 갖게 됩니다.

물론 Chapter 1에서 살펴봤듯 언어지능이 높은 아이는 특별히 노력하지 않아도 자기만의 읽기 패턴을 만들어냅니다. 언어를 인지하는 것 자체가 즐겁기 때문에 즐기며 책을 읽어 나갈 수 있지요. 하지만 대부분의 아이가 이런 수준에 이르려면 어휘력이 좋아야 합니다. 모르는 단어 때문에 흐름이 깨지게 되니까요.

어휘력을 키워주는 방법은 이미 여러 번 알려드렸기 때문에 여기서는 군이 설명드리지 않아도 될 것 같습니다. 이미 알려드린 방식으로 어휘력을 꾸준히 키워주면서, 동시에 글을 그림으로 연상하는 훈련을 해주면 됩니다.

활자를 실시간으로 이미지화하는 능력을 키워주는 것입니다. 이렇게 되면 글을 읽은 수준이 아니라, 영화 보듯 책을 즐길 수 있게 됩니다.

만화와 무협지를 많이 읽었던 것이 언어 능력에 있어서는 도움이 되었습니다. 다음 내용이 궁금하니까 빨리빨리 읽고 싶어 넘기다 보니 속독도 되고, 언어를 이해하는 감각을 익힐 수 있었던 것 같습니다. 눈으로 읽고, 눈으로 외우는 정도였으니까요.

시간당 50원씩 내고 종일 만화방에서 시간을 보냈는데, 지금 생각하면 그게 도움이 되었던 것 같아요. 시간당으로 돈을 계산하다 보니, 최대한 빨리 많이 읽어야 했죠. 궁금하니까 빨리 읽고 싶어서 마구 읽었던 것이죠. 나중에는 그냥 한 페이지를 사진처럼 찍어서 바로 내용을 인식하는 지경에 이르게 되었죠.

_ 김중기, 서울대 출신 배우

어릴 때 동화책이나 만화를 읽으며 읽기가 단련되었던 것 같습니다. 동화책과 만화는 그림이 있어서 그런지 이미지로 연상하는 훈련이 자연스럽게 되는 것 같아요. 책을 읽는 순간, 글자가 아닌 이미지로 변환되어 연상됩니다. 머리에서 상상하면서 극적인 재미를 확대할 수 있는 것이죠.

또 책은 책장 넘기는 속도를 스스로 조절하기 때문에 자신의 속도에 맞추어 진행할 수 있습니다. 이렇게 자신의 흐름을 만들 수 있는데, 이것이 책에 빠지는 훈련이었던 것 같습니다.

_ 오태겸, 서울대학교 경영대 수석, 경영학 박사, 공인회계사

책을 읽고 내용을 이미지로 연상하는 훈련을 하기에 가장 좋은 것이 바로 그림책 읽기입니다. 그래서 그림책의 그림은 참 중요합니다. 그림 그 자체로 예술적 감성을 키워주기도 하지만, 내용과 그림이 잘 연결되는 책이 좋습니다.

스토리가 중요한 책은 더욱 그렇습니다. 그래서 글과 그림을 꼼꼼히 읽어보고 고르라고 말씀드리고 싶습니다. 읽고 있는 내용이 그림에 잘 표현되어 있어 편하게 이미지로 이해되는 그림책을 찾아서 읽게 하면 됩니다.

물론 만화책도 좋습니다. 아이가 만화책만 읽는다고 걱정하는 어머니들을 종종 뵙게 되는데, 다른 책도 함께 읽도록 잘 지도한다면 괜찮다고 말씀드리고 싶습니다.

다만 아이들이 보는 만화책을 직접 읽어보았으면 합니다. 가능하면 만화책 중에서도 좋은 책을 잘 골라서 읽을 수 있도록 해줬으면 합니다. 종종 내용과는 상관없이 흥미 위주의 말글로 이루어진 책들이 있는데, 이런 경우는 피하는 것이 좋습니다.

그리고 학습만화에만 의존하지 않고 골고루 읽을 수 있도록 다양한 만화책을 제공해줬으면 합니다. 어머니들이 어린 시절 읽었던 만화책들, 지금은 고전이 된 만화책 중에 웬만한 소설보다 훌륭한 책들이 많습니다. 저는 어릴 때 읽었던 순정만화, 판타지, SF가 아직도 생생히 기억납니다. 다양한 그림책과 만화책을 아이들이 접할 수 있도록 제공해주면 됩니다.

만화책이나 그림책 보기 외에도 글을 이미지로 연상하는 훈련에 좋은 방법이 있습니다. 아이들이 읽은 내용을 그림으로 그려보게

176

하는 것입니다. 어떤 책이라도 좋습니다. 읽은 내용을 그림으로 그려보게 하면 됩니다.

이때 한 권을 다 읽고 전체 내용을 그려봐도 좋고, 한 페이지씩 읽으며 각 페이지의 내용을 그림으로 옮겨 그려도 상관없습니다. 그리고 아이가 그린 그림을 잘 엮어서 그림책으로 만들어주면 훌륭한 기록이 되어 줄 것입니다. 일종의 책 만들기 놀이를 하면서 이미지로 연상하는 훈련을 시켜주는 것이지요.

어떤 책으로 시작하는 것이 좋을지 고민이 된다면, 한자어 연습을 위해 추천드렸던 《생명의 역사》를 읽고 각 페이지를 그림으로 그려보게 해보세요. 한 페이지씩 소리 내서 읽게 한 후, 그 내용을 요약하고 정리해서 그림으로 옮겨 그려보게 하면 됩니다.

이미 언급했듯 《생명의 역사》는 페이지마다 생명이 탄생되고 이어지는 역사의 장면을 다루고 있기 때문에, 한 장의 그림으로 옮겨 그리기에 좋습니다. 그리고 이미지로 연상하는 훈련은 물론, 독해력과 어휘력, 핵심을 파악하는 연습 등 다양한 학습이 가능하니 더없이 좋습니다.

땅은 평평했고, 기후는 따뜻하고 습했습니다. 늪으로 된 거대한 숲이 지표를 거의 뒤덮다시피 하고 있었습니다. 이 시기를 식물의 시대 또는 석탄기라고 합니다. 우리가 지금 쓰는 석탄은 대개가 이 고대 식물에서 나왔거든요.

또 다른 종류의 척추동물인 양서류가 무대에 등장했습니다. 양서류는 개구리처럼 어려서는 물에서, 다 자란 뒤에는 뭍에서 사는 동물입니다. 많은 곤충이 나타나서 번성한 것도 이때입니다.

_ 버지니아 리 버튼, 《생명의 역사》

석탄기에 해당하는 한 페이지의 내용입니다. 이것을 그림으로 옮기려면 어떻게 해야 할까요?

이 페이지를 이미지로 옮길 때 핵심은 '늪으로 된 거대한 숲'입니다. 그리고 고대식물, 양서류, 곤충이 이곳에서 살아가는 모습을 그리면 됩니다. 한 페이지를 읽고 핵심을 파악한 후, 그 내용을 아이들 각자의 방식으로 그려내도록 도와주면 됩니다.

그리고 석탄기라고 제목을 달아줘 기억해야 할 어휘도 표기해줍니다. 석탄기에 대한 설명이나 양서류에 대한 설명도 한쪽에 잘 표시해두면 그림만 보고도 내용을 짐작할 수 있을 것입니다.

물론 아이마다 각자 개성을 드러내며 그림을 그리곤 합니다. 태양과 지구의 탄생에서 글이 시작되었기 때문에, 원으로 지구를 그리고 그 위에 페이지마다 변화하는 지구의 모습을 그리는 아이도 있습니다. 또 지나치게 자세히 그리고 설명까지 빼곡히 달아두는 아이도 있습니다. 만화를 좋아하는 아이라면 만화책처럼 그리고 말풍선도 달겠죠.

정답이 없기 때문에 아이들 각자의 창의성을 충분히 발휘할 수 있도록 자유를 주는 것이 좋습니다. 또 기억력이 좋아서 평소에 엄청 똑똑하다고 평가받던 아이가 핵심을 제대로 파악하지 못해 두서없이 그리기도 합니다. 이런 경우 꾸준히 반복하며 핵심을 파악하는 능력이 자라는 모습을 관찰할 수도 있습니다.

글을 읽고 자신만의 방식으로 충분히 상상해보는 것, 그것이 가장 훌륭한 연상하기 훈련이라고 할 수 있습니다.

물론《생명의 역사》는 복잡하고 어려운 내용을 다루고 있기 때문에 아이 혼자 글을 해석하고 그림으로 옮겨내기에는 어려움이 있습니다. 3학년 이상은 되어야 내용을 이해하고 요약 정리할 수 있습니다.

그래서 초등학교 1, 2학년 아이가 이런 활동을 할 때는 책 속의 그림을 따라 그리거나, 어머니들이 먼저 그려주고 그냥 따라 그리게 하는 것만으로도 도움이 됩니다. 꼭 필요한 단어들은 그림에 표기해도 됩니다. 이렇게 각각의 페이지마다 그린 그림을 엮어서 책으로 만들어주면 아이들이 무척 뿌듯해한답니다.

평소에는 글씨 쓰는 것을 싫어하던 아이가 근사한 책을 만들고 싶은 욕심에 한 페이지를 빼곡히 옮겨 적기도 합니다. 특히 책 읽기 싫어하고, 그림 그리기 좋아하는 아이들에게 효과가 좋습니다.

# 특별한 관찰력,
## 숨은그림찾기로
# 키워주세요

저는 대학 시절 한국과학기술원KAIST에서 교환학생으로 수업을 들은 적이 있습니다. 여름방학 계절학기 1과목 수업을 참여한 것이 전부였지만 좋은 추억이었습니다. 무엇보다 특별한 학교에 다니는 학생들은 어떨지 궁금했는데 그들의 특별한 점도, 평범한 점도 경험해 볼 수 있어 좋았습니다.

기억에 남는 일화가 있는데, 네잎클로버 찾기와 관련한 이야기입니다. 기숙사에서 방을 함께 썼던 카이스트 학생의 취미이자 특기가 네잎클로버 찾기였습니다. 그 친구는 정말로 네잎클로버를 잘 찾았습니다. 초록색 풀숲에서 네잎클로버만 쏙쏙 찾아내는 기술이 대단했습니다. 하루 한 개는 꼭 찾아내서 주변에 선물하곤 했죠. 돈 들이지

초등 1, 2학년 처음 공부

않고 행운을 선물할 수 있는 그 친구의 특기가 지금도 부럽네요. 그런데 다시 떠올려보니 그 친구만의 특별한 관찰력, 그러니까 보는 기술이 있었던 것이 아닌가 생각됩니다.

신기해하는 저에게 그 친구는 "가만히 보고 있으면 뭔가 다른 클로버만 눈에 띄는데 그게 네잎클로버일 확률이 높다."라고 대수롭지 않게 설명해줬습니다. 저도 그 친구의 설명에 따라 가만히 풀숲을 바라보며 네잎클로버를 찾아보긴 했지만 큰 성과는 없었습니다.

생각보다 상당한 집중력이 요구되는 일이었거든요. 한참 보고 있으니 집중력이 흐려져 답답한 마음에 그만두게 되었죠. 겨우 한두 개 찾긴 했지만 저의 특기는 되지 못했습니다.


네잎클로버 찾는 것이 학습과 무슨 연관이 있냐고 생각할 수도 있지만, 인지 발달에 있어 시각 능력, 즉 관찰력은 상당히 중요합니다. 학습은 눈에서 시작되는데 아는 만큼 보인다는 말이 있듯, 보이는 만큼 알기도 합니다. 그래서 뇌 발달이 이루어지는 시기에 아이가 꼼꼼히 볼 수 있도록 도와줘야 합니다.

소설가 김영하 선생님이 수업 시간에 실제로 했던 말인데, 좋은 작가는 남들이 보지 못하는 것을 볼 수 있는 능력을 가졌다고 합니다. 제 경험으로도 보는 훈련이 잘된 아이들은 이미지로 연상하기도 잘하고, 글도 자세하게 잘 씁니다. 쓰기뿐만 아닙니다. 잘 보는 아이들이 집중력도 높고, 문제풀이할 때 실수도 적습니다.

눈에 보이는 것을 그냥 보는 것 아니냐고 반문할 수 있는데, 그 이상의 영역이 있습니다.

'고릴라 실험'이라는 동영상이 있습니다. 유튜브에 검색하면 쉽게 찾을 수 있으니, 꼭 찾아서 보았으면 합니다.

하버드 대학의 타브리스와 사이먼 교수가 '보이지 않는 고릴라'라는 간단한 실험을 진행합니다. 실험은 흰색 티셔츠를 입은 팀 3명과 검은색 티셔츠를 입은 팀 3명, 총 6명이 동그랗게 모여 서로 농구공을 패스하는 것입니다.

이때 실험 참가자에게 흰색 티셔츠를 입은 팀의 패스 횟수를 세어보도록 합니다. 그런데 실험 도중에 검은 고릴라 의상을 입은 학생이 걸어 나와 중앙에 서서 앞을 보면서 가슴을 두드리면서 지나갑니다.

이 실험의 주제는 흰색 티셔츠를 입은 팀의 패스 횟수를 세는 실험이 아니라, 사람들이 검은 고릴라를 보지 못할 수 있음을 증명하는 실험입니다.

'설마 고릴라를 못 보는 사람이 있을까?' 하고 생각하겠지만, 실제 20~30%의 사람이 고릴라를 보지 못합니다. 이는 모든 그룹에서 동일하게 나타납니다.

이 동영상에서 고릴라를 이미 인지했다면, 고릴라가 보일 수밖에

초등 1, 2학년 처음 공부

없습니다. 그런데 고릴라를 인지한 상태라면 집중력이 깨져 흰옷을 입은 사람이 패스하는 수를 틀릴 확률이 높습니다. 이것이 우리 인간 뇌의 한계이지요.

왜 이런 현상이 생기는 걸까요?

사람들은 특정한 것에 집중했을 때, 예상하지 못한 사물이 나타나면 이를 알아채지 못하는 경향이 있습니다. 보고자 하는 것만 보이고, 예상하는 범위만 시야에 들어오는 것입니다.

이 동영상을 보면 우리가 얼마나 많은 것을 보지 못한 채 살아가고 있는지 느낄 수 있습니다. 보지 못했다는 사실조차 인지하지 못하고 살아가고 있지요.

이미 언급했듯 한글을 읽지 못하는 아이들은 공통으로 글자를 구분해서 보지 못합니다. 흔히 까막눈이라고 하죠. 눈에 뻔히 보이는데 왜 못 보냐고 하겠지만, 정말로 아이들의 눈에는 철자의 차이가 보이지 않습니다. 그래서 이런 아이에게는 자음과 모음을 각각 구분해서 보는 것부터 도와줘야 합니다.

아이들이 게임처럼 즐기며 관찰력 훈련을 할 수 있는 것이 바로 숨은그림찾기입니다. 그래서 소개해드리는 책이 바로 《너도 보이니?》입니다. '머리가 좋아지는 신기한 숨은그림찾기'라고 소개하고 있는 이 책은 말 그대로 신기한 숨은그림찾기 책입니다.

사진 속에 숨겨진 대상을 찾는 책인데, 흥미로운 사물들 사이에서 '은빛 해님 하나', '조그만 개구리 한 마리', '빙글빙글 나사 한 개'처럼 특별한 사물을 찾으며 놀 수 있습니다. 마치 잔뜩 어질러진 장난감 사이에서 보물을 찾는 느낌이라고 할까요?

누구나 흥미롭게 보는 연습을 할 수 있는 책이지요.

이 책의 저자 월터 윅은 사진작가입니다. 그래서 책 속 사진 한 장 한 장 그의 예술적 감성이 묻어납니다. 진심 가득한 책이라고 느껴지실 겁니다. 사물을 독특하게 배치하여 다르게 보게 하고, 아이들의 천진난만한 감성을 자극해서 흥미를 끕니다.


월터 윅 개인 웹사이트http://www.walterwick.com에서 그의 작품과 작업하는 모습을 볼 수 있습니다. 60살이 넘은 나이에도 장난감을 잔뜩 모아 놓고 사진을 찍는 열정 가득한 모습을 보고 있으면, 애정이 솟아나 당장 책을 주문하고 싶어질 것입니다. 첫 출간 당시 뉴욕 타임스 베스트셀러를 22주간이나 했다고 하니, 많은 사람이 같은 감성을 느꼈던 모양입니다.

이 책의 가장 큰 장점은 한 번 보고 끝내는 책이 아니라는 점입니다. 아이가 한 살 한 살 나이가 들면서 찾는 속도도 빨라지고 집중력도 자라기 때문에, 성장 과정 내내 친구처럼 함께할 수 있는 책입니다.

또 총 아홉 권의 시리즈로 되어 있어 한 권씩 차곡차곡 보면서 지루하지 않게 관찰력을 꾸준히 키워줄 수 있습니다. 《뒤죽박죽 상자 속 물건들》《꿈의 도시로 출발》《엉망진창 서랍 속 친구들》《크리스마스 전날 밤》《환상적인 동화 속 세계로》《어느 무시무시한 밤에》《신나는 보물섬 탐험》《토이랜드 특급열차》《이 세상의 밖에서》 이렇게 각각의 책들이 컨셉을 가지고 있어서 쉽게 싫증 내지 않고 오랫동안 즐길 수 있습니다.

아이가 숨은 그림을 찾기 전에 어머니가 먼저 찾아보는 것이 좋습니다. 책 뒤에 답이 있으니까 먼저 체크해볼 것을 권해드립니다.

가끔 찾는 대상의 설명이 애매한 경우가 있는데, 먼저 체크해둬야 아이들이 숨은 그림을 찾을 때 힌트를 줄 수 있습니다. 번역이 잘못되어 있는 경우도 있고, 보는 시각에 따라 다르게 보이는 경우도 있습니다. 달님 얼굴을 찾으라고 했는데 보기에 따라 아기 얼굴이나, 대머리 아저씨 얼굴처럼 보이는 경우도 있으니 말입니다. 이런 경우 미리 확인해서 아이에게 힌트를 줘야 아이의 흥미를 유지할 수 있습니다.

"꼭 달님은 아닐 수 있어. 그냥 달처럼 둥근 얼굴이야."

이런 식으로 힌트를 주는 것입니다. 혹은 아이가 찾기에 너무 어려운 것이라고 생각될 때는 "이건 좀 어려우니까 다음 거 먼저 찾아보자."라고 얘기해줘도 좋습니다. 찾는 데 시간이 너무 오래 걸리면 흥미가 떨어질 수 있으니까요.

그리고 아이가 답을 먼저 보지 않도록 답지 페이지를 뜯어두거나, 펼치지 못하게 스테이플러로 찍어두는 것이 좋습니다. 처음에 찾지 못한 것도 두 번째 세 번째에는 찾을 수 있으니, 어려운 것은 다음에 다시 찾아볼 수 있게 해주는 것이지요.

이 책을 보는 목적이 관찰력을 키우는 것이기 때문에 성급하게 답을 보고 찾는 습관은 고쳐주는 것이 좋습니다. 또 인내력을 가지고 숨은 그림을 하나하나 찾아야 하기 때문에 참을성도 함께 길러 줍니다.

# 공부가 놀이고,
# 놀이가 공부인 '학습놀이'

## 초등 공부의 거의 모든 것, 독서

SBS 예능 〈영재 발굴단〉에서 흥미로운 장면이 오랫동안 기억에 남습니다. 특집 방송으로 여러 영재의 공통점을 분석하는 에피소드였는데, 영재들의 공통점이 무엇일까요?

모든 영재의 집에는 책이 가득했습니다. 영재들은 궁금함을 책으로 해결하는 능력이 있는 아이들이었습니다. 책 읽는 것을 즐기고, 읽고 싶은 책의 지도를 가지고 있는 그런 아이들이었죠. 물론 이 정도는 누구나 예상 가능할 수 있습니다.

제가 충격을 받은 순간은 영재의 재능을 가지고 있지만, 영재성이 전혀 발현되지 않은 아이의 경우를 분석한 장면이었습니다. 아이큐

145로 상위 0.5%의 높은 지능을 가진 아이였는데, 영재성은커녕 너무 평범해서 출연하게 되었다고 합니다.

　전문가들은 이 아이에게 어떤 문제가 있는지 분석했습니다. 아이의 생활을 분석한 결과, 그 원인은 책에 있었습니다. 아이의 방에서 읽지 않은 책을 꺼내자 책꽂이가 텅 비어 버렸습니다. 읽은 책이 하나도 없었던 것입니다.

　전문가들은 책을 읽지 않아서 천재성이 발현되지 않았다고 잠정적으로 결론 내렸습니다. 아무리 좋은 다이아몬드도 세공하지 않으면 빛나지 않는 것처럼, 책을 읽지 않으면 천재성이 개발되지 않는다는 중요한 증거였습니다. 책 읽지 않는 천재는 빛나지 않는 원석과 같은 셈이죠.

　물론 가장 좋은 것은 경험입니다. 할 수만 있다면 세상을 다양하게 경험하고, 실제로 부딪쳐보는 것이 두뇌 발달에 가장 좋습니다. 하지만, 모든 것을 경험할 수 없기 때문에 책을 통해 간접경험을 하는 것입니다. 시간과 에너지 그리고 경제적인 여건을 굳이 따지지 않더라도, 책보다 더 안전한 경험은 없지요.

　책은 안전하고 편안하게 아이가 원하는 곳으로 데려다줍니다. 아이와 아프리카에 간다고 상상해보세요. 번거로운 일이 한두 가지가 아닙니다. 하지만 아프리카와 관련된 책을 읽으면 한 번에 해결됩니다. 시간을 내고, 비행기표를 끊지 않아도 아프리카로 날아가 원하는 동물들을 보고 돌아올 수 있지요. 그래서 아이들을 위한 책값만은 아까워하지 말았으면 합니다.

그냥 책을 읽는다고 모두 간접경험이 되는 것은 아닙니다. 책이 경험이 되게 하려는 노력이 필요합니다. 주인공의 마음으로 조금 더 다가가 보려는 노력, 그 시대와 그 상황을 조금 더 세심하게 느껴보려는 노력, 무엇보다 관련된 정보를 가능한 체험해보는 노력도 필요합니다.


《바구니 달》을 읽으며 꼭 해야 하는 것이 달을 보는 것이겠지요. 매일매일 변하는 달의 모양을 관찰해보고, 보름달이 생각보다 밝다는 것을 경험해봐야 주인공의 마음에 더 가까워지겠지요. 그렇게 달빛을 조명 삼아 산길을 다니던 그 시절 사람들의 마음으로 한걸음 더 다가갈 수 있습니다.

지금 자신이 보고 있는 달이 주인공이 바라보던 달과 같은 것이라고 느끼는 순간, 주인공의 마음으로 조금 더 다가갈 수 있게 됩니다.

이렇게 책에서 읽은 내용을 직접 겪어보며 내면화하는 과정이 있어야 책이 경험이 됩니다. 아무것도 아닌 것 같은 내용도 세심하게 읽어보면 경험으로 발전시킬 수 있는 부분이 분명 있습니다. 가능하면 사진이라도 보여주며 아이가 조금 더 친근하게 느낄 수 있도록 도와주는 것이 중요합니다.

《비 오는 날이 정말 좋아!》라는 책을 읽을 때는 비오는 것이 왜 좋은지 경험해봐야 하지 않을까요?

비 오는 날에 이 책을 읽고 실제로 비를 맞아 보고, 빗소리도 들어보고, 고인 빗물을 철퍽철퍽 걸어보는 경험을 해보는 것이지요.

《아르키메데스의 목욕》은 아르키메데스가 부력의 의미를 깨닫고 유레카라고 외친 일화를 동화로 다루고 있습니다. 이 책을 읽고 부력의 의미를 알 수 있는 여러 가지 실험을 해볼 수도 있습니다.

목욕 시간에 욕조에 물을 가득 채우고 아이가 뛰어들어간 후, 넘쳐서 흘린 물이 아이의 부피와 동일하다는 것을 깨닫게 해주면 됩니다. 수조에 물을 가득 채우고, 그 안에 다양한 물건들을 넣어본 후 넘친 물의 양을 재어봐도 좋은 실험이 될 것 같습니다.

뿐만 아닙니다. 책을 읽고 좋은 질문을 많이 해주는 것도 중요합니다. 이때 어떤 질문을 해줘야 할까요?

책 안으로 아이를 끌어들일 수 있는 질문이 좋은 질문이지요. 그런데 이런 질문은 쉽게 답을 찾을 수 없을지도 모릅니다. 그래서 더 사고하게 하고, 책 속 상황으로 좀 더 다가가게 하는 것입니다.

초등 1, 2학년 처음 공부

아이를 위해 책을 고를 때 어떤 질문을 던질까 생각하고 읽어보면 새로운 관점이 생길 것입니다. 좋은 질문거리가 있는 책을 고른다고 생각하면 책이 다시 보일지도 모릅니다. 그리고 좋은 책이라고 평가받는 책들은 대체로 좋은 질문을 던질 수 있는 책이기도 합니다.

그리고 아이가 현재 관심을 갖고 있는 주제와 관련된 책을 사주라고 권해드립니다. 아이가 막 관심을 갖기 시작한 주제들, 공룡에 관심을 갖게 되었다면 공룡과 관련된 책을, 만화 캐릭터에 관심이 생겼으면 그 만화 캐릭터에 관련된 책들을 잔뜩 사주면 됩니다.

혹은 아이가 궁금함이 생겨서 질문하면 책에서 그 답을 찾아볼 수 있도록 관련된 책을 사주면 됩니다. 아이가 "엄마 피는 빨간색인데 핏줄은 왜 초록색이야?"라고 질문한다면 인체와 관련된 책을 잔뜩 사주는 것이지요. 이때 열 권이나 사줬는데, 겨우 한두 권 읽는다고 속상해하지 않아도 됩니다. 열 권을 사주면 그중에서 서너 권만 읽어도 많이 읽은 것이니까요.

또 같은 주제의 책을 다양하게 사주는 것이 좋습니다. 인체에 관련된 책이라고 해도 다양한 종류의 책이 있습니다. 쉬운 책부터 조금 어려운 책까지, 이야기로 풀어낸 책에서 정보로 가득한 책까지 다양한 책들을 아이 주변에 놓아주면 됩니다.

이렇게 책을 통해 경험하고 자란다면, 내면의 깊이가 있는 사람으로 자랄 수 있습니다.

무엇보다 책은 좋은 인성을 만들어주기 때문에 그릇이 큰 사람으로 자라나게 합니다. 책의 가치가 옳다고 믿고, 책의 지루함을 견뎌내고 기다릴 수 있는 사람이라면 어떤 시련도 스스로 극복해낼 수 있는 내면의 힘을 가지고 있기 때문입니다. 무엇보다 초등학교 1, 2학년 때 책 읽는 습관을 잘 잡아주지 않으면, 나중에 책을 읽고 싶어도 쉽게 읽어내지 못합니다.

책과 거리가 있는 사람으로 자랐기 때문에 어떤 책을, 어떻게 읽어야 할지, 책에서 무엇을 얻을 수 있는지 모르는 것이죠. 무엇보다 책의 지루함을 견디지 못합니다.

그래서 좋은 책을 읽고 자란 것은 좋은 운명을 타고난 것과 같다고 말하고 싶습니다.

### 한자 카드로 하는 장원급제놀이

놀이처럼 한자를 공부하며 한자어에 흥미를 높여주고 어휘력에도 도움이 되는 게임이 있어 소개해드리려 합니다.

바로 한자 카드로 할 수 있는 장원급제놀이입니다. 한자 카드로 문장을 만들며 놀면서, 한자도 익히고 한자어의 개념도 깨닫게 하는 게

초등 1, 2학년 처음 공부

임입니다. 사실 처음 이 게임의 이름을 지을 때 과거시험놀이라고 할지, 장원급제놀이라고 할지 고민을 했었습니다.

과거시험을 볼 때 한자로 시를 지었던 것에서 착안한 게임이라 '과거시험'이 더 어울릴 것 같았지만, 시험이라는 단어에 아이들이 거부감을 갖게 될까 봐 '장원급제놀이'로 정했습니다. '장원급제' 하면 흔히 〈춘향전〉의 이몽룡이 떠오르죠. 조선시대 과거시험에서 수석한 사람을 일컫기 때문에, 장원급제라고 하면 이기고 싶은 욕망을 자극할 수 있을 것 같았거든요.

조선시대 과거시험이 주제에 맞게 시를 지었던 것은 알고 계시죠?

마치 시를 짓듯 한자 카드를 사용해서 글을 만들어보는 것이 이 게임의 내용입니다. 20장 정도의 랜덤 한자 카드를 나눠준 후 자신이 가진 카드의 한자를 이용해서 말이 되도록 글을 만들어보는 것입니다. 시나 사자성어도 좋지만, 말이 된다고 판단되면 통과시켜주면 됩니다.

가능하면 즐겁게 참여할 수 있도록 아이가 우습고 괴상한 말을 만들어도 재치로 잘 받아줬으면 합니다. 한자의 음과 뜻을 다양하게 생각해보는 것만으로도 한자어를 해석해내는 데 도움이 됩니다. 이렇게 해서 카드를 빨리 소진하는 사람이 이기는 게임입니다.

한자 카드는 아이들이 알고 있는 글자를 중심으로 직접 만들어도 됩니다. 프린터로 인쇄해서 사용해도 되고, 한자학습지에서 나오는 한자 카드를 활용해도 좋습니다.

저는 천자문과 기본 한자로 카드를 만들어 사용합니다. 천자문 자체가 4자씩 구성되어 있어, 아이들이 외웠던 천자문을 활용할 수 있고 학습적으로도 효과가 있으면서 아이들의 적극적인 참여를 이끌 수 있습니다.

이미 '천지현황'을 외우고 있는 아이라면 '천지현황' 4자를 맞추는 재미를 느끼게 됩니다. 알고 있는 것을 맞추는 것만으로도 재미를 느끼거든요. 포커 게임처럼 말입니다. 그냥 천자문 한자 카드만 이용해서 천자문을 맞추는 게임을 해도 됩니다. 포커 게임 방식을 이용해도 좋습니다. 게임을 해보면서 적당한 게임의 법칙을 설계할 수 있습니다. 아마 아이들이 더 잘 알아서 해줄 것입니다.

이때 어머니가 한자의 음과 뜻을 잘 습득할 수 있도록, 한자의 음과 뜻을 낭독하도록 이끌어줘야 합니다. 예를 들어 달 월月, 아래 하河, 높을 고高, 나무 목木을 이용해서 '월하고목'이라는 문장을 만들었다면, 음과 뜻을 먼저 또박또박 얘기하고 내용을 설명하게 하는 것입니다.

"월하고목, 달 월, 아래 하, 높을 고, 나무 목, 달 아래의 높은 나무."

이렇게 얘기하면 100점이겠죠?

아이들에게 복잡하게 설명해서 강요하기보다는 어머니가 먼저 시범을 보여주는 것이 가장 효과적입니다. 한두 번만 시범을 보여주면 아이들이 알아서 잘 따라옵니다.

이렇게 게임을 통해 한자를 이해하게 되면, 책을 읽으며 모르는 한자어를 만날 때도 자연스럽게 한자의 음과 뜻을 찾아보며 한자어의 의미를 유추하는 습관이 생깁니다.

이것은 절대로 강요해서는 되지 않습니다. 게임을 통한 즐거운 자극이 반복되었기 때문에, 이렇게 사고하는 방식이 뇌에 자리를 잡아서 가능한 일입니다. 여기에 놀이학습의 이점이 있습니다.


'여사건'과 '배반사건' 하면 무엇이 떠오르나요?

확률 문제에 사용되는 수학 용어이지요. 2019학년도 수능에 출제되어 이슈가 되었던 단어이기도 합니다. 두 단어 모두 한자어입니다. 이 한자의 음과 뜻을 알면 개념을 이해하는 데 훨씬 도움이 됩니다.

여사건은 '남을 여餘'를 사용해서 '남은 사건事件'을 의미하는 단어입니다. 어떤 일이 일어났다면, 일어나지 않은 사건의 확률을 계산할 때 이 단어가 사용되겠지요?

배반사건은 밀칠 배排와 되돌릴 반反을 사용해서 '반대로 밀치는 사건'이라고 해석할 수 있을 것 같습니다. 한 사건이 일어날 때 절대로 일어나지 않는 사건의 확률을 계산할 때 사용하는 용어입니다.

물론 공식을 이해하고 습득하는 수학적 차원의 학습도 필요하지만, 이 용어의 한자 개념을 이해하면 수학적 개념도 훨씬 쉽게 이해할 수 있습니다.

그러기 위해서 초등학교 때 한자 공부를 해둬야 하는 것입니다. 이런 학습이 미리 되어 있지 않으면 배반사건, 여사건과 같은 단어 앞에서 좌절을 느끼며 학습을 힘들어할 수 있으니까요.

# 초등 1, 2학년
# 처음공부

지은이 윤묘진

펴낸이 이종록  펴낸곳 스마트비즈니스

등록번호 제 313-2005-00129호  등록일 2005년 6월 18일

주소 경기도 고양시 일산동구 정발산로 24, 웨스턴돔타워 T4-414호

전화 031-907-7093  팩스 031-907-7094

이메일 smartbiz@sbpub.net

ISBN  979-11-6343-008-7  13590


초판 1쇄 발행 2019년 1월 22일

거실, 욕실, 주방, 마당, 차 안, 마트 등등
퇴근 후 15분, 내 아이 '행복한 오늘'을 위한
## '아빠놀이 엄선!'

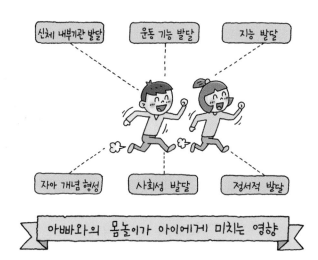

신체 내부기관 발달　운동 기능 발달　지능 발달

자아 개념 형성　사회성 발달　정서적 발달

아빠와의 몸놀이가 아이에게 미치는 영향

---

## 몰라서 못하는 아빠육아, 왜 '아빠놀이터'일까요?

부모의 경제력이나 학력보다 더 중요한 요소,
'아빠와의 놀이!'

♥

남편에게 가장 바라는 육아 1위,
'아이와의 놀이!'

♥

좋은 남편의 조건 1위,
'아이와 잘 놀아주는 남편!'

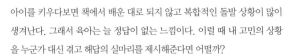